AF360804

OBSERVATIONS
MINÉRALOGIQUES.

JOURNAL

DES

OBSERVATIONS

MINÉRALOGIQUES,

FAITES DANS UNE PARTIE

DES VOSGES ET DE L'ALSACE.

OUVRAGE

Qui a remporté le Prix au Jugement de MESSIEURS de la Société Royale des Sciences, Belles-Lettres & Arts de Nancy, en 1781.

Par M. DE SIVRY, Avocat au Parlement.

Rerum natura sacra sua non simul tradit : initiatos nos credimus, In vestibulo hæremus. *LINN.*

A NANCY,

Chez H. HÆNER, Imprimeur du Roi, & de la Société Royale des Sciences, &c. N°. 337.

M. D. CC. LXXXII.

A MESSIEURS

DE LA SOCIÉTÉ ROYALE

DES SCIENCES,

BELLES-LETTRES, ET ARTS DE NANCY,

MESSIEURS,

Occupés du foin de raſſembler les matériaux
de tous genres, propres à entrer dans la compoſi-
tion de l'hiſtoire générale de Lorraine, que vous

avez entreprise , vous ne dédaignez aucuns des secours qui peuvent concourir à ce grand ouvrage.

La partie de l'Histoire naturelle de la Province ne peut se completter qu'à l'aide des différentes observations faites sur chaque portion du territoire qui la compose. Chacun peut rendre compte de celles dont il s'est oc-cupé ; & dans ce genre de travail, il est per-mis au zele de s'associer au talent.

Les faits de la nature sont tous intéressans par eux-mêmes. Chaque particularité attache, chaque détail satisfait la curiosité. Ailleurs il faut chercher la vérité, ici il ne faut que la voir & la dire. Le simple observateur n'a besoin que d'attention & de bonne foi. Exact, il doit tout voir ; fidel, il doit tout dire. Heureux, quand parvenu à classer ses découvertes, & à en former un système général, l'historien de la nature en est aussi le peintre, & que d'un portrait que l'exactitude de l'art n'eût fait que ressemblant , son pinceau créateur fait encore un tableau embélli des couleurs & animé du feu du génie.

DISPOSER les préparatifs de ces grandes compositions , apporter les matieres premieres dans l'attelier des Arts , épargner à nos Maîtres le soin & la fatigue des premiers appréts ; c'est la tâche des eleves, c'est le partage de la jeunesse & du zele.

JE n'eus point d'autre objet , quand j'osai présenter à cette savante Société le Journal de quelques Observations minéralogiques que j'avois recueillies.

CET Essai fut l'offrande de l'émulation. Qu'il soit aujourd'hui le tribut de la reconnoissance !

COMBIEN ne vous en dois - je pas , MESSIEURS ? Après avoir adopté l'Ouvrage,

vous daignez vous associer l'Auteur. Puissent-
ils l'un & l'autre paroître dignes de votre
suffrage, & de votre choix ! Une faveur gratuite
ne me donnoit aucun droit à une grace préma-
turée ; aussi ce n'est qu'en conservant longtemps
la qualité de votre éléve, que je parviendrai
à mériter un jour le titre de votre Confrere.

Je suis avec respect,

MESSIEURS,

Votre très-humble & très-
obéissant Serviteur,

DE SIVRY.

JOURNAL

OBSERVATIONS

MINÉRALOGIQUES,

*FAITES DANS UNE PARTIE DES VOSGES
ET DE L'ALSACE.*

LA PLUPART des Sociétés lit-
téraires de l'Europe , partagées
autrefois entre des occupations
de différens genres , femblent s'être accordées
pour tourner aujourdhui tous leurs travaux
du côté des objets utiles.

STANISLAS prépara peut-être , ou

Deſſein
de
l'Ouvrage.

prévit du moins cette révolution , quand il fonda l'Académie de Nancy , & les prix qu'elle décerne. Il laiſſa aux Auteurs toute liberté ſur le choix du ſujet ; mais il voulut que le ſuccès de l'ouvrage dépendît *de l'utilité évidente de la matiere.* (*)

CET exemple a été imité dans la Capitale. L'Académie françoiſe a annoncé un prix extraordinaire & annuel , fondé en faveur de l'Ouvrage le plus utile. Dans ce concours, aucun genre n'eſt exclu. Le Programme indique ſeulement , comme l'Académie de Nancy le fait depuis quelques

-----

(*) Il ſera diſtribué chaque année deux prix de ſix cens livres de France chacun, l'un à un Ouvrage de ſciences, l'autre à un ouvrage de littérature, ou arts, compoſés par nos Sujets ſeulement, ſur telles matieres relatives auxdites ſciences, littérature & arts qu'ils jugeront à propos, pourvû qu'elles ſoient d'une utilité évidente. *Édit du mois de Décembre* 1750, *portant établiſſement de l'Académie de Nancy*, Art. VI.

années, les fujets les plus utiles, ou les matieres les moins connues, qu'on defire de préférence de voir traiter.

PARMI différentes matieres indiquées dans le Programme de l'Académie françoife, on regrette, entre autres chofes, ,, que nous ,, n'ayons point encore de defcription du ,, fol de nos Provinces, & des richeffes ,, qu'il renferme ; richeffes que chaque fiecle ,, découvre fucceffivement, & qui n'ont ,, échappé aux fiecles précédents que faute ,, de recherches ,,.

CES Recherches locales femblent être le partage fpécial des Académies de Province. Celle de Befançon affociée à celle de Nancy, a propofé pour fujet de fes prix la defcrip-tion minéralogique d'un des Bailliages de la Franche-Comté, & un membre diftingué de l'une & l'autre Société, a donné le pre-

mier *un Ouvrage sur la minéralogie du Bail-
liage d'Orgelet* (*).

Si les mêmes vues étoient adoptées pour
la Lorraine, peut-être auroit-on successive-
ment des Descriptions minéralogiques du
territoire de chacun de ses Bailliages; &
cette partie de l'histoire naturelle de la Province entrant dans le plan de son histoire
générale à laquelle travaille l'Académie, se
completteroit insensiblement, ou du moins,
formeroit une collection abondante de matériaux à employer ; enfin, si les Académies des autres Provinces imitoient cet
exemple, il seroit possible d'avoir dans
quelques années un corps complet d'histoire
minéralogique pour toute la France.

De Savants naturalistes ont entrepris ce

____

(*) M. le Marquis de Marnésia.

grand travail & en ont déjà donné une partie au public ; mais ces hommes célébres ne dédaigneroient pas les obfervations particulieres qui pourroient leur épargner des voyages & des détails. L'adminiftration même, fous les aufpices de laquelle ils s'occupent de cet important objet, anime & encourage par - tout les recherches locales. Nous nous rappellons que fes intentions furent annoncées au public par l'Académie de Nancy, dans une de fes affemblées. Elles lui avoient été tranfmifes par un de fes membres les plus illuftres, qui réuniffant tous les genres de connoiffances, de talens & de gloire, réunit auffi tous les honneurs académiques qui en font le gage & la récompenfe. Toujours empreffé de donner des marques de fon attachement à cette Compagnie & à cette Province, M. le Comte de Treffan avoit écrit à l'Académie pour l'inviter, de la

part de l'Académie des Sciences, à coopérer
dans les recherches minéralogiques dont elle
s'occupe, & il remarquoit : ,, qu'elles feroient
,, plus importantes à faire en Lorraine, que
,, dans toute autre partie des états du Roi;
,, les Alpes dont les Vôges font une con-
,, tinuation, étant au moins auffi riches que
,, les Pyrénées. ,,

LE voyage minéralogique des Pyrénées,
vient d'être fait & donné au Public. J'ai
entrepris celui des Vôges, & c'eft le premier effai de mon travail que j'ofe offrir
à l'Académie.

CETTE tentative aura befoin de toute fon
indulgence ; ce n'eft pas qu'elle ne puiffe
compter fur la fidélité du récit & fur l'exactitude des obfervations. J'ai pour garant de la
premiere, mon amour pour la vérité ; & à
l'égard de la feconde, j'ai un garant plus
infaillible encore, c'eft le célébre & favant

Minéralogifte (*) qui a bien voulu diriger ma marche & mes recherches, & auquel ma reconnoiffance & mon amitié s'empreffent de rendre le double tribut d'hommages, dû à quiconque nous aime & nous éclaire.

J'AI joint au Journal de mon voyage, fept Cartes minéralogiques des portions de pays que j'ai parcourues. On y trouve la qualité des différens terrains, leur nature, toutes les efpéces de minéraux, les pierres, les terres, les eaux, les mines, la pofition des lieux & les autres détails analogues figurés par les caracteres qui les défignent. (*)

ENFIN, j'ai pris foin, autant qu'il a été poffible, de recueillir moi - même fur les lieux, des morceaux de la plupart des mi-

---

(*) M. Monnet.

(*) Comme l'Auteur fe propofe de continuer le voyage minéralogique des Vôges, les Cartes n'en feront publiées que quand l'Ouvrage fera complet.

néraux, & des fubftances remarquables que j'ai obfervés. La collection en fera mife fous les yeux de l'Académie.

J'en ai difpofé la fuite dans un ordre qui en facilite le rapprochement au texte des obfervations, & l'application aux caracteres minéralogiques des Cartes : ainfi je joins l'objet même à la defcription, & au récit des faits, les preuves juftificatives de l'hiftoire.

DESCRIPTION
MINÉRALOGIQUE
DU PAYS,

CARTE PREMIERE.

L ES Vôges se distinguent en Pays à granit & en Pays à sable. Le Pays à sable & à cailloux est le premier par lequel on arrive dans les *Vôges*, en y entrant du côté de la Lorraine. Forcé par les circonstances de me rendre d'abord à Ste. Marie - aux - mines, qui est placée dans le Pays à granit, je traversai rapidement un espace très - grand du Pays à sable.

Je n'en dirai rien dans ce moment, me réfervant de préfenter mes Obfervations, à mefure que l'ordre de mon voyage m'en fournira l'occafion.

LE PREMIER objet qui s'eft offert à mon attention dans les environs de *Ste. Marie*, eft la Montagne du haut *de Fête*, Montagne remarquable pas fa hauteur & par les maffes très-régulieres de beau granit qui la couronnent fur la partie qui avance vers le grand chemin. Depuis cette hauteur jufqu'à *Ste. Marie*, dans l'efpace d'une lieue & demie, on a toujours fous les yeux la roche de granit divifée tantôt par bandes obliques, & tantôt en maffes articulées.

Tout le monde fait que *Ste. Marie*, Bourg fameux par fes Mines, eft placé dans une des plus profondes vallées des *Vôges*, bordée des deux côtés par les plus hautes des Montagnes qui forment cette chaîne immenfe. On comptoit autrefois dans le territoire de *Ste. Marie*, plus de vingt filons qui fourniffoient de toutes les efpeces de Mines connues, excepté celle d'or. A préfent il n'en refte que trois en exploitation qui donnent de la mine d'argent grife, de cuivre jaune, & de plomb, le fpath calcaire, le fpath qu'on nomme fufible les accompagnent dans une gangue grife & fouvent quartzeufe. Spath fu-fible.

De *Ste. Marie* au Village de *Liepvre*, qui eft plus bas environ de 100 toifes, (*) parce qu'il approche de l'*Alface*, les Montagnes de chaque côté de la vallée font de granit ordinaire, dont les grains Granit. font d'autant plus gros, que la roche eft plus éievée; cette vallée dirigée du fud-oueft au nord-eft, va toujours en s'élargiffant depuis *Ste. Marie* jufqu'à la plaine d'*Alface* qui commence à trois lieues & demie de ce Bourg; elle eft arrofée par le *Lebvre*, riviere qui prend fa fource dans la vallée de la *petite Liepvre*, & qui eft groffie par des eaux abondantes & limpides qui fortent des montagnes voifines.

Vis-à-vis du village de *Liepvre*, j'ai remarqué une montagne dont le granit eft d'un grain très-Granit à gros grains. groffier, point micacé, à peu près grisâtre & moins dur que celui qui l'avoifine : ce granit ne s'éléve que jufqu'au deux tiers de la montagne, dont le fommet eft tout couvert de pierres de fable. Il y en Pierre de fable. a une autre derriere ce même Village, qui peut

---

(*) N'ayant point avec moi, les inftrumens néceffaires pour méfurer exactement les hauteurs que j'ai indiquées, je les ai évaluées feulement par appercu, & je ne puis en garantir la précifion,

avoir approchant 400 pieds de hauteur ; elle eſt preſque iſolée & a la forme d'un pain de ſucre. Son ſommet eſt recouvert, comme celui de la précédente, de pierres de ſable rougeâtres, qui contiennent aſſez peu de gallets ; le bas eſt compoſé de granit feuilleté, moins groſſier que celui dont je viens de parler, & de la même couleur : je n'ai rien obſervé de différent, ni de remarquable, depuis ce Village juſqu'à l'extrémité de la vallée qui finit auprès de *Chatenoy* ; ce même granit feuilleté ſe rencontre toujours & forme ordinairement le bas des montagnes, tandis que le ſommet, à quelques exceptions près, eſt communément couvert de pierres de ſable.

La vallée, comme je l'ai dit, s'élargit toujours juſqu'à *Chatenoy* ; & pendant l'eſpace d'une lieue juſqu'à ſon extrémité. Le chemin cotoye un bois épais qui eſt au pied des montagnes ; à droite du vallon, des arbres élevés & eſpacés à quelque diſtance, ombragent la Prairie qui s'étend d'un côté à l'autre des deux chaînes de montagnes, & fourniſſent un abri agréable contre la chaleur.

Depuis *Chatenoy*, j'ai cotoyé les *Vôges* juſqu'à *Barr*, c'eſt-à-dire, du midi au nord, pendant l'eſpace de cinq lieues. La plaine d'*Alſace* que j'avois à droite ne m'a rien offert d'abord de remar- quab'e. Ce chemin eſt formé ſur le granit. L'on y voit auſſi des maſſes de granit roulées & tombées au pied des montagnes, dont la conſtruction eſt toujours la même, & quelques morceaux de chite grisâtre, plus ou moins épais. Derriere l'Egliſe du village de *Dæfental*, qui eſt aſſez éloigné de la chaîne, j'ai vu avec étonnement de la pierre de ſable feuilletée, d'une couleur fort approchante de la brune; cette pierre eſt en couches, à peu près horizontales, quelques fois inclinées.

Granit roulé,

Chite grisâtre,

Pierre de ſable brune

En continuant vers *Dambach*, une lieue & demie plus loin, les maſſes de granit, roulées & tombées ſur le chemin du haut des montages voiſines, de- viennent plus groſſes & plus communes ; il ſ'y trouve auſſi, d'eſpace en eſpace, des morceaux de pierres de ſable d'un gris rouge & tenant un peu de la nature du granit par leur contexture & leur dureté ; elle fait même feu avec le briquet & ne m'a point paru feuilletée.

Pierre de ſable très- dure.

De *Dambach* à *Blienſchweiller* l'eſpece de granit change, il devient chiteux, moins dur, & auſſi plus doux au toucher, c'eſt-à-dire, d'un grain plus uni & un peu plus fin. La pierre de ſable que je

Granit chiteux.

viens de définir, borde toujours le chemin du côté de la plaine, & varie peu pour la couleur & la dureté.

C'eft entre *Blienfchweiller* & *Itterfveiller* que j'ai apperçu le premier monticule du côté de l'*Aface*, il eft affez peu élevé & prefque arrondi ; l'ayant foigneufement examiné, j'ai reconnu que fon noyau n'eft formé que des maffes du même granit micacé qui compofe la montagne au pied de laquelle il fe trouve ; ces maffes entaffées font recouvertes de pierres calcaires blanchâtres. Cette compofition varie rarement. La plupart des montagnes baffes pofées au pied des *Vóges* ont prefque toujours le même noyau de roche dure, & la fuperficie eft recouverte de terre ou de pierres calcaires.

Non loin de cette éminence, on voit affez communément du côté droit du chemin des pierres d'un tuf fabloneux, d'un gris blanchâtre, perforées comme la pierre meuliere & contenant beaucoup plus de quartz que de terre calcaire. J'ai vu encore de ce même tuf fur le premier promontoire qui eft fitué près du village d'*Andlau*, à une lieue de *Barr*; il a la même conftruction que celui dont je viens de parler. Il eft un peu plus élevé, & on apperçoit des blocs de fable affez durs & rougeâtres en-deſſous de la pierre calcaire qui en recouvre tout le ſommet, ou pour mieux dire, toute la ſuperficie.

Le ſecond promontoire, ſans être beaucoup plus élevé, eſt plus étendu; il eſt compoſé de pierre de ſable friable, couleur de lie de vin, & en couches ou feuillets très-minces; ces couches ſont preſque horizontales, les plus larges peuvent avoir au plus deux à trois pouces, & ſont coupées, de diſtance en diſtance, par des fentes perpendiculaires.

Le grand chemin eſt pratiqué au milieu de ce monticule, au moyen d'une coupe de quinze pieds dans le terrein, ce qui m'a donné la facilité de l'examiner à mon aiſe. J'ai reconnu que le chemin eſt encore formé de granit à gros grains & chiteux; d'où j'ai conjecturé, & ſûrement avec raiſon, que la pierre de ſable ne ſe prolonge pas d'avantage, & que le noyau de ce promontoire eſt ſemblable à celui des précédens; il s'y trouve de même une couche de pierre calcaire épaiſſe environ de trois pieds & de couleur bleuâtre; elle eſt poſée ſur la pierre ſableuſe qui peut en avoir dix de hauteur.

Enfin, je ſuis arrivé à *Barr*, petite Ville ſituée au pied des *Vôges*, dans la poſition la plus riante, & d'où l'on découvre toute la plaine d'*Alſace*, qui reſſemble au plus beau jardin par la variété des plantes qui y font cultivéés. Ici on voit des vignes élevées de fix à fept pieds & chargées de fruits; à côté un champ de bled doré & prêt à être moif-fonné; plus loin on apperçoit un canton rempli de tabacs en fleurs; on croiroit qu'on s'eſt occupé à diverfifier & à mêlanger toutes ces productions, de la maniere la plus agréable à la vue.

Je fuis allé fur la montagne nommée *la Bloſſ*, à l'occident de la Ville & à peu de diſtance; elle eſt dirigée du levant au couchant. La vallée qui eſt entre cette montagne & celle appellée *Ste. Anne*, dans la même direction que la précédente & à fon midi, eſt arrofée par la riviere d'*Andlau*, qui prend fa fource dans les forêts de *Barr*, & qui paſſe dans la Ville même. Le chemin pratiqué dans cette vallée eſt couvert de morceaux de chite noirâtre & par conféquent ferrugineux, mais le fond eſt toujours de granit.

Au bas de la *Bloſſ*, il y a un rocher pelé de dix-huit pieds de hauteur & de trente de longueur: ce fuperbe rocher eſt compofé de plufieurs maſſes de granit à gros grans & d'un gris foncé; ces énor-mes maſſes, pofées les unes fur les autres aſſez régulierement, font adoffées à la montagne ; les plus élevées font inclinées de quelques pieds fur le chemin, & femblent prêtes à l'écrafer par leur chûte.

Le même granit conftitue le corps de la montagne, jufqu'aux deux tiers de fa hauteur ; là il fe change en une efpece de pierre de fable très-dure, faifant feu avec le briquet; elle eft d'un rouge affez foncé & reffemble fort au granit par fa dureté & l'union intime de fes parties. Elle contient beaucoup de gallets de toutes efpeces, de quartz, de Jafpe & de porphire, & ce qu'il y a d'extraordinaire, c'eft qu'ils font d'autant plus gros, que les rochers qui les contiennent font plus élevés.

Pierre de fable remplie de gallets.

Cette obfervation peut fervir de régle générale ; la même fingularité fe remarque prefque par-tout. Nous ne pouvons cependant en affigner précifément la caufe ; & il feroit affez difficile d'en donner une raifon fatisfaifante, car ces montagnes étant compofées de couches de fable qui font vifiblement l'ouvrage des eaux, les cailloux qui font très-lourds devroient, ce femble, felon les loix de la péfanteur, fe rencontrer tout au bas des roches qui font ur des montagnes de granit, & ne devroient pas former les couches inférieures à celles qui font toutes de fable,

C'eſt cependant ce qu'on ne voit jamais : auſſi on eſt arrêté à tout inſtant en Minéralogie, & on eſſaieroit envain de rendre raiſon des contradictions apparentes qui ſe préſentent à chaque pas aux Naturaliſtes.

Si nous voulions concilier celle-ci, nous ferions forcés de reconnoître dans cette formation, autant de dépôts qu'il y a eu d'alluvions différentes, & que ces diverſes couches font, chacune en particulier, le réſultat de chacune de ces alluvions. Nous ajouterions que les dernieres ont amené les plus gros cailloux après que les premieres ont eu entraîné les petits & les plus fins qui ont formé les couches les moins élevées.

Sur le ſommet de cette montagne, s'éléve un rocher de l'eſpece que je viens de décrire, il a environ trente pieds d'élévation, ſur dix à douze de large, il eſt un peu incliné à l'horizon & iſolé. Comme il eſt environné d'arbres fort élevés & fort touffus, je n'ai pu en approcher ni l'examiner comme je l'aurois deſiré. On m'a dit qu'il étoit diviſé en couches aſſez épaiſſes qui cependant ne font pas ſéparées, mais ſemblent attachées & jointes les unes aux autres.

La haute montagne de *Ste. Anne* qui eſt vis-à-vis de celle-ci, & ſur laquelle eſt le Château d'*Andlau*,

a, comme je l'ai dit, la même direction que l'autre;
le chemin qui conduit dans le bois dont son sommet est couvert, est taillé dans le granit; je le trouvai rempli de sable, ce qui me fit conjecturer que je rencontrerois de cette pierre, lorsque je serois plus plus élevé; j'avois encore deux autres raisons de me le persuader, puisque j'en avois déja vu dans la montagne voisine, & que j'avois même apperçu quelques morceaux de cette pierre roulée au pied du Château ; cependant arrivé sur la hauteur, je cherchai inutilement, je ne pus en découvrir ; ce qui me prouva qu'on ne doit supposer des analogies qu'avec une extrême circonspection. En examinant de nouveau le sable qui étoit en si grande abondance dans le chemin, je reconnus qu'il n'étoit autre chose que du granit réduit en poussiere, & que la pierre de sable que j'avois vu étoit tombée du Château qui en est construit.

De l'endroit où j'étois, je découvris une petite montagne à l'occident de celle-ci, elle est presque isolée; elle me parut composée de pierre calcaire Pierre calcaire, & argille. & d'argille.

En redescendant par un autre chemin, taillé comme le précédent dans le roc, je me suis apperçu que le granit devenoit chiteux & fon grain très-fin & très-ferré, ce qui annonçoit la proximité de quelques filons. Effectivement j'en ai vu plufieurs de mine de fer à peu près perpendiculaires à la montagne, mais trop près les uns des autres, & trop peu confidérables pour indiquer une veine de métal qui pût s'étendre au loin dans la montagne. On m'a dit qu'il y avoit eu autrefois à *Barr*, des Mines de fer, de plomb & de cuivre en exploitation, & qu'elles étoient abandonnées depuis environ foixante ans: on m'a montré un morceau de véritable hématite, qu'on m'a affuré avoir été trouvé tres-près de la Ville.

Cette montagne, dont je viens de parler, eft compofée de cinq promontoires, mais la *Bloff* que j'ai décrite eft beaucoup plus élevée ; elle domine encore une autre montagne fur laquelle eft le Château de *Rodmansberg*, & qui eft compofée de quatre appendices hériffées de rochers de granit pelés & abfolument nuds. Cette montagne-ci n'eft point couverte, non plus que celle d'*Andlau*, de pierres de fable ; ce qui me fait conclure qu'en général les promontoires & les montagnes baffes autour de *Barr*, font compofées de maffes de granit qui en fait le noyau, & couvertes de pierres calcaires & d'argille, quoiqu'il y en ait quelques-unes entiérement formées de pierres calcaires. Enfin on voit affez conftamment que les montagnes plus élevées font de granit à gros grains, & que les plus hautes d'entre-elles font encore recouvertes fur la roche graniteufe de pierre de fable extrêmement dure & contenant beaucoup de gallets ou cailloux de quartz.

Si du haut de ces grandes montagnes, on defcend vers la plaine d'*Alface*, on remarquera cette férie : après le fecond rang de montagnes, qui font entiérement de granit, on en trouvera d'autres entiérement calcaires, & enfin de troifiemes qui font formées du débris de toutes celles qui les précédent.

Parti pour *Strasbourg*, je me fuis éloigné des montagnes, & je fuis entré abfolument dans la plaine d'*Alface*. Ce chemin n'offre rien de remarquable ; il eft compofé jufqu'à deux lieues de *Barr*, de morceaux de chite, & de granit chiteux ou à gros grains ; mais enfuite il eft toujours couvert de pierre calcaire & de cailloux ; le terrain que j'ai bien examiné eft compofé de terreau affez blanc, mêlé de fable & quelquefois de cailloux.

Chite.
Granit
à gros
grains.

Auprès de *Molsheim*, j'ai vû quelques monticules

calcaires & détachées. Il y a des pierres de touche brunes & grifes dans les environs.

Sorti de *Strasbourg* par le chemin de *Saverne*, je n'ai rien trouvé de nouveau; toujours le même terrein plat, compofé de fable de riviere & de terreau.

Enfin à deux lieues auprès du village d'*Obershausbergen*, j'ai vu plufieurs élévations ou monticules qui font de pierres calcaires recouvertes de terreau & & de cailloux.

CARTE SECONDE.

DEPUIS SCHNERZHEIM JUSQU'A DABO.

UNE lieue plus loin, près de *Schnerzheim*, j'ai commencé à appercevoir la petite chaîne de montagnes qui court du nord-eft au fud, dans l'étendue de trois lieues. Cette chaîne paffe près de *Viltenheim*, de *Neugarten* & de *Feffenheim*. Ces montagnes font toutes compofées de la même maniere, d'une terre rouge, violette & verdâtre, par conféquent bollaire; fous cette terre il y a de très-beau gyps blanc en maffes, criftallifé en fillets; il y en a auffi en couches minces. Le monticule fur lequel je me fuis arrêté à un quart de lieue du village de *Viltenheim*, & qui eft à la gauche du chemin, eſt conſtruit comme les montagnes que je viens de décrire. Tous ces monticules ſont recou-verts d'une couche de pierres calcaires grisâtres , très-bonnes pour faire de la chaux ; elles ſont , en quelques endroits, briſées & diſperſées ça & là.

On m'a aſſuré que le gyps étoit auſſi beau à *Neugarten* & à *Wintzenheim* , mais qu'il étoit , comme partout , enfoncé ſous pluſieurs couches de pierres & de ter-res bollaires. En conſéquence dans les parties où le terrain n'eſt pas coupé à pic , & où l'on peut exploi-ter le gyps ſur une ligne horizontale, on eſt obligé de creuſer fort avant pour le découvrir & le tirer. Mais ces couches ne ſont pas fixées ſur la même ligne, ni à la même hauteur; on en trouve ſouvent depuis le bas juſques près de la ſurface ſupérieure ; auſſi, en faiſant une redoute autrefois ſur la hauteur, on en trouva à cinq à ſix pieds , comme on en voit encore la preuve & les veſtiges.

Je ſuis allé de *Viltenheim* à *Vaſſelone* , qui eſt ſitué à peu près au ſud-oueſt & à une lieue ſeulement ; en ſortant à l'occident du Village , je ſuis paſſé ſur un chemin couvert de pierres calcaires. Les coupes de terrein que j'obſervai me préſenterent un terrain très-blanc & rempli de ſable blanc auſſi , & extrêmement fin. Ce chemin me conduiſit ſur une petite montagne à l'occident du Village, il y a dans le milieu une carriere qui étoit creuſée de dix-huit à vingt pieds, lorſque je la vis. La pierre qu'on en tire tient beaucoup de la nature du marbre; elle doit ſe polir aiſément; les couches ſont aſſez épaiſſes, quelques-unes ont juſqu'à deux pieds. Toutes ſont plus ou moins inclinées; on voit entre chacune, de l'argille mêlée de ſable. Cette pierre eſt d'un beau bleu plus ou moins foncé. J'ai cherché inutilement des impreſſions de coquilles ou de poiſſons, je n'en ai reconnu ancunes, mais beaucoup de dendrites & de plantes de différentes eſpeces.

Pierres bleues.

Dendrites.

La même pierre calcaire bleue compoſe tout le Pays juſqu'à *Vaſſelone*; j'ai obſervé dans les endroits où elle n'eſt pas recouverte de terre, qu'elle eſt articulée & que ſes couches ſont très-inclinées à l'horizon. Près de *Vaſſelone*, en deſcendant, les terres qui recouvrent les petites montagnes de chaque côté du chemin, ſont rougeâtres & paroiſſent bollaires; vers le bas, elles ſont preſque vertes & un peu ſabloneuſes; je n'ai point reconnu de gips.

Terre bollaire, ſabloneuſe.

Le bourg de *Vaſſelone* eſt dans une vallée aſſez agréable, arroſée par la riviere nommée *Moſſig*, qui

prend

prend fa fource au pied des *Vôges*, & coule de l'occident à l'orient. Cette vallée eft formée par une petite chaîne de montagnes qui court du fud-oueft à l'eft, & qui peut avoir trois lieues d'étendue. C'eft une efpece de prolongation de celles des *Voges*, elle s'étend en forme de langue, & baiffe infenfiblement jufqu'à *Viltenheim* où elle fe termine.

Il faut remarquer que cette langue de terrein eft formée, devant *Vaffelone*, de pierre de fable rouge, & qu'on la trouve d'autant plus couverte de pierres calcaires qu'on approche davantage de *Viltenheim*; la pierre de fable fe perd enfuite par degrés.

J'ai dit que tout ce Pays m'avoit paru compofé de même, jufqu'à *Vaffelone*, c'eft-à-dire, de pierres calcaires bleues. Le Village en eft pavé; on m'a dit qu'il y avoit à une demi-lieue une carriere de pierre de fable; je fuis defcendu du côté du midi en cotoyant la riviere; & à un quart de lieue du Village, la pierre de fable qui forme cette vafte carriere, a commencé à paroître. Elle eft feuilletée, & d'un rouge pâle, fans aucun gallet. Cette pierre fableufe n'eft pas primitive, mais fecondaire, c'eft-à-dire formée du débris des roches fableufes des hautes

Pierre
calcaire
bleue.

Pierre fa-
bleufe fans
gallets.

C

montagnes. Auſſi comme nous allons le voir, les qua-
lités ſont un peu différentes. Cette carriere eſt ouverte ſur cinquante à ſoixante toiſes d'étendue, tout
le long de la coupe du terrein qui eſt ſur le bord
de la riviere.

Je ſuis entré dans la partie qui eſt au couchant du
Village, ainſi que toute la montagne. Cette carriere eſt
plus que demi-circulaire. Elle eſt ouverte dans ſa
plus grande dimenſion, de cinquante toiſes en largeur,
& ſa hauteur peut être évaluée à dix-ſept toiſes. La
coupe eſt de toute l'élévation de la montagne ;
lorſque je l'ai vue, elle étoit perpendiculaire, ce qui
m'a donné la facilité de compter les bancs qui ſont
fort remarquables & par leur épaiſſeur & par leur
régularité. Ils ſont horizontaux, mais interrompus
& entremêlés de terres argilleuſes & ſableuſes,
qui ſont les parties fines des roches de ſable primitives.

Depuis la ſurface du terrein, c'eſt-à-dire, depuis
le terreau, on compte treize à quatorze bancs.

Terre bollaire rouge & verte, D'abord on apperçoit la terre bollaire, qui eſt rougeâtre & quelquefois verdâtre, & enfin la pierre.
Preſque toutes les couches ſont ſéparées les unes des
autres par une bande de terre bollaire; & ces couches

font d'autant moins inclinées & d'autant plus larges qu'elles s'éloignent du sommet ; celles qui se voient au bas de la montagne ont une toise & même deux de largeur. Encore les ouvriers m'assuroient-ils qu'en creusant davantage, ils trouveroient des blocs plus considérables.

En général, le grain de cette pierre est plus fin que celui qui compose la roche des hautes montagnes. Il est même quelquefois micacé, ce qui prouve qu'il s'y est mêlé des parties provenant de la destruction du granit.

Après avoir passé la petite riviere de *Mossig*, je suis allé sur une montagne qui est vis-à-vis de cette derniere, très-peu éloignée & dans la même situation par rapport à *Vasselone*. La pierre de sable la compose de même jusqu'au tiers de sa hauteur, où j'ai retrouvé la pierre calcaire dont j'ai déjà tant parlé & qu'on rencontre dans tout ce Pays. On en voit des morceaux assez considérables jettés ça & là, indépendemment de celle en couches, & articulée qui recouvre tout le sommet de la montagne.

Je suis ensuite redescendu dans la vallée du côté

de la partie qui s'étend comme une langue dans le plat Pays. J'ai revu la pierre de fable, mais point en couches régulieres; elle eft roulée & de couleur plus ou moins foncée. Il y a auffi des pierres calcaires ufées qui font tombées vraifemblablement des lieux plus élevés. Je crois, d'après cela, que ce terrein a été bouleverfé, ou qu'il eft couvert des débris de quelques montagnes voifines; j'ai été furpris d'y trouver des pierres de fable remplies de gallets. En fuivant le cours de la riviere vers l'occident, jufqu'à fon paffage entre deux montagnes très-proches l'une de l'autre, cette derniere efpece de pierre devient plus commune; on en remarque même des maffes roulées jufques dans le village de *Vaffelone.*

Sur le chemin de *Saverne*, fitué au pied des *Vôges*, à trois lieues & demie environ de *Vaffelone*, je n'ai point trouvé de pierre de fable. Tout le Pays eft entiérement formé de pierres calcaires, pofées fur du terreau. En continuant toujours à avancer vers les montagnes dont je n'étois éloigné que de deux lieues, je me fuis apperçu que le terrein de part & d'autre étoit recouvert de fable de riviere, rempli de beaucoup de cailloux, & joint à quelque peu de

terreau rougeâtre. A un quart de lieue de la ville de Cailloux.
Saverne, il y a une carriere de ce fable. Un peu plus loin, j'en ai vu une feconde, creufée à peu près de fept à huit pieds; j'ai reconnu avec plaifir, au fond de l'excavation, la même pierre calcaire qui conftitue par-tout la nature du Pays, mais qui eft quelquefois cachée fous le fable dans les endroits peu élevés.

La ville de *Saverne* eft, comme je l'ai dit, au pied des montagnes & affez enfoncée; j'ai fait le tour de fon enceinte, & j'ai trouvé par-tout cette pierre cal-caire bleue, fi commune en *Alface*. Enfin je fuis allé fur une montagne très-élevée, qui domine de près la Ville à fon occident; j'ai vu, comme je l'avois préfumé, que la pierre bleue fe prolonge jufqu'au tiers de fa hauteur; ce qui confirme toujours que les promontoires fitués au pied des *Vôges* du côté de l'*Alface*, font recouverts de pierres calcaires, foit que leur noyau foit de granit, ou de pierre fableufe; la pierre de fable commence enfuite, elle Pierre de fable rem-plie de galets. eft d'abord en couches affez minces, & contient peu de cailloux; puis les couches s'épaiffiffent & les cail-loux deviennent d'autant plus communs, qu'on s'é-

C iij

léve d'avantage ; je fuis entré dans le bois qui couvre tout le fommet de la montagne où j'ai admiré
les rochers les plus fuperbes. J'en ai remarqué un
énorme entre autres, à la gauche du chemin ; il eft
ifolé ; j'ai évalué fa hauteur à trente pieds au moins
& à douze fa largeur. Il eft incliné à l'horizon de
quarante-cinq degrés, & il femble qu'il ne foit arrêté que par les arbres qui l'environnent de tous
côtés ; il a été détérioré, on regrette qu'il ait perdu
quelque chofe de fa beauté primitive.

Après avoir marché quelque temps, en pénétrant
plus avant dans ce bois, j'ai vu d'autres maffes encore, mais qui ont plutôt l'apparence de cailloux
agglomérés, que de pierre de fable, tant ils y
font multipliés ; ces rochers font compofés de couches très-épaiffes, ou, pour mieux dire, ce font de
groffes maffes pofées les unes fur les autres, qui font
maintenant liées, & qui ne forment qu'un corps.
Il y en a fur-tout une immenfe qui s'avance de dix
pieds fur le chemin, & fous laquelle on a creufé
une grotte, d'où fort une fontaine qui tombe dans
un petit baffin. Cette roche n'eft adoffée à la montagne que par un feul côté, où elle prend la forme
d'une grande arcade.

Parvenu fur la partie la plus élevée de cette montagne, j'en ai fait le tour; je n'y ai rien rencontré
de nouveau, fi ce n'eſt quelques pierres blanches
que j'avois d'abord cru être calcaires, ce qui me
furprenoit infiniment; mais en les examinant, j'ai
reconnu qu'elles étoient de fable très-fin. Je fuis
paſſé, en redefcendant, par un chemin différent que
celui que j'avois fuivi pour monter. A peu près à
cinquante ou foixante pieds avant le bas de la montagne, j'ai vu la jonction de la pierre de fable & de
la pierre à chaux; cette derniere, au point de la
réunion eſt, comme je l'ai dit, très-fableufe & grisâtre; enfuite elle reprend fa couleur bleue, & elle
eſt articulée.

En quittant le pays de *Saverne*, je me fuis encore
éloigné des *Voges*, & je fuis retourné dans la plaine
d'*Alface*, au village de *Hochfelden*, diſtant de cette
Ville de trois lieues & conféquemment dans le même
éloignement des montagnes. Le fable de riviere re-
paroît fur le chemin, & fur le terrein de part &
d'autre. Il y a plufieurs carrieres qui ont à peu près
cinq pieds de profondeur. On retrouve auſſi des
cailloux de quartz. Cependant à une lieue du Vil-

lage ; comme le Pays s'éleve, le fable diminue &
fe perd infenfiblement. Le corps de beaucoup de
monticules eft compofé de pierres calcaires, recouvertes fouvent de terres bollaires rouges, vertes &
quelquefois un peu chiteufes ; mais le plus fouvent la pierre calcaire y eft ifolée & répandue de
tous côtés.

Le village de *Hochfelden*, eft fitué dans un Pays
charmant, au bas d'une petite côte à pente douce ;
il eft arrofé par le *Zorn*, qui en fe divifant forme
de petites ifles, ombragées par des faules épais &
très-élevés, qui couronnent les deux bords de la
riviere. La prairie décorée de ces eaux & de ces
ombrages, eft agréablement terminée de part & d'autre par une chaîne de petites montagnes, dont le
fommet eft couvert de bois. Je fuis allé fur une de
ces montagnes, à l'orient du Village ; on m'avoit
dit que j'y trouverois de la pierre à plâtre. J'y ai
Carrieres vu, en effet, trois carrieres de gyps, les unes près
de gyps. des autres ; la premiere que j'ai vifitée, peut avoir
quarante pieds de profondeur. Il eft impoffible d'en
voir de plus beau. Il eft brillant, tranfparent, ftrié,
blanc comme la neige, & (ce qu'il y a de fingu-

lier) prefque auffi dur que la pierre calcaire. Les couches en font d'autant plus minces qu'elles font plus élevées; il y a ordinairement entre chacune une couche de terre bollaire, verte ou rougeâtre ; elle communique dans certains endroits fa couleur au gyps qui eft pour lors d'un rofe tendre. Il y en a qu'on nomme albaftrite, qui eft très-dur, & d'un brillant éblouiffant.

Albaftrite.

Après avoir examiné tout ce qui étoit fufceptible d'obfervations, je fuis monté fur le fommet que j'ai trouvé couvert de pierres à chaux bleues, comme celle de tout le Pays. Les couches en font difpofées à l'ordinaire; mais ce que je n'avois pas encore rencontré , ce font des coquilles : je n'en ai point apperçu d'autres que des griffites qui font ici très-communes. Étant redefcendu par un chemin plus à l'orient, j'ai trouvé toujours de la pierre calcaire & des griffites, à peu près jufqu'au bas de la montagne, comme je m'y attendois. Je n'ai pu obferver plus loin, à caufe du gazon qui recouvre tout le terrein.

Pierre calcaire.

Je ferois tenté de croire que ces montagnes de gyps font une fuite de la petite chaîne qui court du nord au fud & qui paffe auprès de *Viltenheim*, car précifément *Hochfelden* eft au nord de *Viltenheim*; je n'ofe cependant avancer cette opinion que comme une conjecture, parce que je n'ai pas parcouru le Pays intermédiaire, & que je n'ai point appris d'ailleurs que ces montagnes plus éloignées de *Hochfelden*, continffent de la pierre à plâtre.

D'*Hochfelden*, je fuis allé à *Bouxveiller*, qui en eft éloigné de deux lieues & au nord-oueft. Ce Pays eft ondulé à grand terreau; j'ai remarqué des pierres calcaires bleues, mais par intervalles affez petites, & communément dans les endroits du terrein les moins élevés. Les monticules font de terres bollaires rou-ges & vertes. Je n'y ai point vu de gyps : cependant j'ai examiné avec foin toutes les coupes du terrein. Dans les environs de *Bouxveiller*, les Pays eft toujours calcaire ; on y voit encore des terres bollaires, mais elles diminuent ; & à une lieue en revenant vers les *Vôges*, le terrein eft recouvert de fable & de gravier de riviere, comme auprès de *Saverne*.

Au village de *Veitterfveiller*, qui eft au pied des montagnes, j'ai apperçu que la pierre de fable fer-

Terre bollaire rouge & verte.

Gravier.

voit de fondement à toutes les maiſons ; elle y eſt en couches minces ſans beaucoup de cailloux. Ces couches ſont d'abord très-horizontales, d'un rouge qui varie & qui eſt plus ou moins foncé ; le village eſt entouré de carrieres de très-belles pierres ; juſqu'au tiers de la montagne , qui eſt toute couverte de bois, les gallets ne s'y rencontrent pas ; & il y a auſſi du ſable en grains en grande quantité ; mais lorſque l'on eſt parvenu à cette élévation, les roches deviennent ſemblables à celles que j'ai vues à *Saverne* , & que j'ai décrites. Quelquefois la pierre eſt en couches au-deſſous des rochers ; il y en a auſſi en blocs. Le chemin juſqu'à *la petite Pierre*, eſt toujours entre les montagnes , & je n'ai rien obſervé de remarquable juſqu'à ce Bourg.

Il eſt ſitué ſur le haut d'une montagne & fortifié preſque naturellement de tous les côtés ; il y en a au midi une autre appellée *Altebourg* , beaucoup plus élevée que celle où eſt la Ville ; je n'y ai rien trouvé de différent ; toujours de la pierre de ſable ; on m'a dit qu'autrefois on avoit exploité des mines de fer au pied de cette montagne, je n'en ai point vu de veſtiges ; les halles ſont recouvertes

aujourd'hui de pierres & de terre, on n'en apperçoit rien.

Le lendemain de mon arrivée à *la petite Pierre*, j'ai
parcouru, fans fuivre de route déterminée, tous les
environs de ce Bourg du côté du midi & jufqu'à la
diftance de deux à trois lieues. J'avois trouvé dans
les champs des pierres calcaires; il faut qu'elles y
aient été apportées, car le fond du Pays n'eft en
général que du fable; feulement la pierre eft blanchâtre, quelquefois le terrein n'eft que de l'argille
grife ou rougeâtre; il y en a fur toutes les hauteurs ainfi que dans les fonds.

Je fuis revenu à *la petite Pierre*, paffant toujours
à travers des bois, fans garder de chemin frayé; je
n'ai vu autre chofe que des roches toujours compofées de fable & de gallets plus ou moins communs.
Je fuis allé enfuite jufqu'au Château de *Lichtemberg*,
qui eft au nord-eft de *la petite Pierre*, & à 4 lieues.
Le chemin eft toujours dans les forêts. J'ai trouvé
quelques montagnes dont les pierres font en couches;
d'autres font compofées de blocs roulés & de
groffes maffes rondes ou quarrées, rouges ou
blanches. Prés du village de *Lichtemberg*, qui eft
fort élevé au-deffus du niveau de *la petite Pierre*,

cette efpece de pierre s'amincit extraordinaire-
ment. Elle fert de fondation aux maifons de tout
le Village, comme à celles de *Veitterfveiller*; il eft
pavé de même par les couches de pierres de fable
qui font horizontales.

On monte au Château par un chemin qui tourne
autour de la montagne, car ce Château eft élevé de
plus de trois cens pieds au-deffus du Village ; c'eft
fur ce chemin que la pierre de fable devient noire
& brillante, parce qu'elle eft micacée ; elle a cela
de fingulier, que quelquefois toute la pierre n'eft
pas teinte de noir, mais feulement coupée par des
efpeces de veines qui reffemblent à des filons, &
qui font plus ou moins larges fur les feuillets de la
pierre. Cette couleur noire eft due au fer, on ne
m'a point dit cependant qu'il y eût des mines dans
les environs.

Du Château, qui eft encore aujourd'hui fortifié,
on apperçoit toute l'*Alface* jufqu'à *Strasbourg*, qui
en eft éloigné de feize lieues. Je ne fuis point allé
plus loin du côté du nord; je fuis encore revenu à
la petite Pierre, d'où je fuis parti pour *Phalsbourg*,
qui en eft à trois lieues ou environ, & au fud-
oueft.

Le chemin paſſe dans une vallée formée par des montagnes dont la hauteur peut être évaluée à ſix à ſept cent pieds ; elles ſont couvertes de bois très-touffus, & couronnées par des eſpeces de plateaux formés de rochers de pierre de ſable. On les diſtingue aiſément, parce qu'ils dominent les arbres qui ſont d'ailleurs éclaircis vers les ſommets ; la vallée eſt peu large, pluſieurs ruiſſeaux y coulent abondamment ; quelquefois ils ſont arrêtés, & forment des étangs qui occupent dans les endroits les plus reſſerrés, tout le fond du vallon & laiſſent à peine la place néceſſaire pour le chemin. Dans les endroits plus ouverts, les ruiſſeaux partagent le terrein en autant de petites iſles, plantées d'arbres fruitiers, dont la culture annonce les habitations & les ſciries qu'on rencontre de diſtance en diſtance.

Sorti de cette vallée agréable, à une lieue de *Phalsbourg*, je paſſai la riviere de *Zantel*, auprès du village de l'*Eſpérance* ; je fis encore une demi-lieue dans le bois, où je n'apperçus rien de nouveau, ni de différent de ce que j'avois remarqué dans tout le Pays.

Mais à quelque diſtance de *Phalsbourg*, qui eſt très-élevé quoiqu'en plaine, & qui n'eſt dominé par aucune montagne, j'ai obfervé de la pierre de fable très-blanche & fans aucuns gallets. On venoit de la tirer de terre, où elle eft enfoncée de quelques pieds ; on l'emploie pour bâtir. Cette pierre eft en couches affez épaiffes, j'en ai vu qui ont jufqu'à un pied & demi. Non loin delà, dans un ravin affez profond creufé par les eaux, j'ai retrouvé, de chaque côté du terrein, de la pierre couleur de lie de vin, de la violette & de la blanche en feuillets très-minces, prefque horizontaux ; je ne fuis point étonné qu'il n'y ait point de cailloux, puifque le terrein n'eft pas fort élevé : mais je ne puis déviner la raifon de cette différence totale de couleur. Comment fe fait-il qu'une couche blanche foit immédiatement voifine d'une violette ? car cette couleur eft due au fer ; comment ne la communique-t-il qu'à certaines pierres ? Où fi ce métal a été dégagé de celles qui font blanches maintenant, comment n'a-t-il pas été dégagé de même, de celles qui font reftées violettes ?

Ayant rejoint le grand chemin qui eft peu éloigné, je l'ai trouvé conftruit de pierres calcaires bleues, la même que j'ai toujours vu dans l'*Alface*. Cette pierre eft apportée d'affez loin.

De *Phalsbourg* je fuis allé à *Dabo*, qui en eft éloigné de fix lieues, & au midi. Après avoir fait une demi-lieue, je fuis defcendu au village appellé *les trois Maifons*, par un chemin prefque impratiquable. Les montagnes qui entourentce Village n'offrent qu'un afpect effrayant, par l'énormité des maffes de rochers de pierre de fable & de cailloux qui ne font point recouverts de terre, & fur lefquels on n'apperçoit que quelques arbriffeaux fecs & fans vigueur. La plupart de ces rochers femblent n'être que fufpendus ; on a peine à concevoir qu'ils reftent ainfi en équilibre à toutes les hauteurs des montagnes qui bordent ce chemin.

Enfin arrivé dans la vallée, les yeux du voyageur fe repofent avec plaifir fur une prairie agréable, au milieu de laquelle eft le village, & que terminent des bois qui couvrent les montagnes. Du côté du midi jufqu'à *Dabo*, je n'ai vu autre chofe que des pierres de fable ; mon chemin m'a toujours conduit à travers des forêts de fapins ; je ne fuis paffé que par un feul Village ; je n'ai trouvé aucune autre habitation ; mais quoique dans un Pays très-élevé, j'ai fouvent paffé de beaux ruiffeaux, d'une eau très-limpide &

abondante,

[Note marginale : Pierre de fable remplie de galets.]

[Note marginale : Rochers de fable rouge.]

abondante, dont le cours fait mouvoir des fciries. Les fommets des montagnes les plus hautes font couverts de chênes & de bouleaux, & c'eft ordinairement dans les fonds que les fapins & les pins font en plus grand nombre.

CARTE TROISIÉME.

DEPUIS DABO JUSQU'A ST. DIEZ.

LE VILLAGE de *Dabo* a une élévation très-confidérable ; en en approchant je me fuis apperçu que la pierre s'amincifloit comme près de *Lichtemberg* ; mais elle conferve toujours fa couleur rouge & elle ne contient point de gallets. Je fuis monté au Château d'*Achsburg*, au fud-eft du Village. Ce Château dont il ne refte que les veftiges, eft élevé de fix cens pieds au-deffus de *Dabo*, & la montagne fur laquelle il eft, peut avoir une lieue de tour à fa bafe. Elle eft réguliere & arrondie. Le Château qui ne fubfifte plus étoit pofé fur une maffe énor.ne de rochers dont j'ai évalué la circonférence à deux cens cinquante pieds,

Pierre de fable fans gallets.

D

l'élévation du côté du nord où elle est la moindre, à quarente pieds, & à soixante & dix du côté de l'est, où j'ai compté vingt-quatre bancs posés les uns sur les autres, à peu près horizontaux, & neuf seulement du côté du nord, beaucoup plus inclinés que les autres. Tous ces bancs ne font joints que par de gros gallets qui font enfoncés moitié dans le banc supérieur & moitié dans l'inférieur. Ayant fait plusieurs fois le tour de cette masse énorme pour voir si elle étoit plate en - dessus comme je le croiois, j'ai apperçu un petit chemin à travers des épines, des ronces & des débris de rochers. Je l'ai monté avec beaucoup de peine, espérant pouvoir arriver sur le plateau ; & effectivement je suis parvenu à quatre pieds de la surface du rocher, mais il m'a été impossible de gravir plus haut, parce que la roche est à pic. Si l'accès en étoit difficile, le retour en étoit ou impossible, ou infiniment périlleux.

Je suis donc revenu sur mes pas & suis parti aussi-tôt pour *Lottenbach*, qui est éloigné de cinq lieues de *Dabo* & au midi.

J'ai dit qu'en approchant du village de *Dabo*, j'a-vois trouvé de la pierre de sable fans gallets ; elle eſt abſolument la même juſqu'au bas de la montagne, ſur laquelle il eſt ſitué.

La vallée qui eſt au pied de cette montagne eſt une des plus profondes des *Vôges* ; j'ai été une demi-heure pour y deſcendre. C'eſt même cette grande profondeur qui fait paroître le Château d'*Achsburg* ſi élevé, il ne l'eſt réellement pas plus que *Phalsbourg* & *la petite Pierre*, d'où on l'apperçoit. La vallée eſt peu étendue ; elle eſt arroſée comme toutes celles des *Vôges*, par un ruiſſeau qui la traverſe du nord au midi. De grands ſapins très-vieux ombragent la prairie de tous côtés & y entretiennent une fraîcheur délicieuſe au milieu des ardeurs de l'été.

Je continuai mon chemin, en paſſant ſur la montagne appellée *Mortelberg*, qui peut avoir environ cent toiſes de hauteur; elle eſt très-rapide, & compoſée abſolument comme celle de *Dabo*, c'eſt-à-dire de blocs de ſable remplis de cailloux, quelquefois de pierres en couches. Je ne ſuis paſſé par aucune vallée juſqu'à *Lottenbach* ; toujours des montagnes eſcarpées; toujours des maſſes de ſable au milieu des chemins & embarraſſant les paſſages. Quelques torrents qui ſillonnent & creuſent les rochers en ſe pré-

cipitant avec bruit, font retentir les échos qui re-
doublent leur fracas en le répétant, & ajoutent à
l'horreur de ces déferts fauvages.

Voilà ce qui s'eft offert à moi pendant l'efpace de
cinq lieues; mais enfin je fuis parvenu devant *Lotten-*
bach, fitué dans une des plus agréables vallées des *Vôges*;
elle eft demi-circulaire. Le village eft dans le fond;
la fameufe verrerie de *St. Quirin* occupe toute la
droite. Un ruiffeau confidérable qui defcend des montagnes & que borde une promenade de tilleuls plantés
dans ce Village, va fe réunir à une petite riviere
qui cerne & borne la vallée du feul côté où elle foit
ouverte. Les montagnes qui l'entourent, & qui ont
la forme d'un fer à cheval, font de moyenne hauteur, garnies de bois & recouvertes de rochers
de fable; du Village fe découvre la vue la plus pittorefque. On apperçoit à la gauche un petit ha-
meau placé fur le penchant d'une colline & entouré
de côteaux plantés de vignes; à la droite une grande
prairie toujours verte & toujours arrofée par cent
canaux qui la traverfent & y entretiennent une fraîcheur continuelle.

La compofition du Pays eft toujours la même; j'ai

remarqué feulement auprès de la Verrerie quelques blocs de pierre de fable blanche comme de l'albâtre & micacée. On m'a dit qu'on la prenoit dans une carriere éloignée de deux lieues.

De *Lottenbach* je fuis parti pour *Framont*, qui eft encore au midi, à fix grandes lieues. Depuis mon dé-part j'ai toujours monté jufqu'au deux *Donnons*, au pied defquels *Framont* eft fitué ; comme toutes les montagnes font compofées de blocs & de maffes roulées, le voyageur eft arrêté à chaque pas dans ces petites routes peu fréquentées ; il eft fouvent obligé de faire de grands détours pour trouver une iffue pratiquable ; à chaque inftant le paffage eft fermé & obftrué par des pierres énormes.

Je n'ai trouvé aucune habitation pendant ces fix lieues de chemin, fi ce n'eft quelques fciries, qui font placées ordinairement entre deux montagnes au courant d'un torrent ou d'un ruiffeau. Toutes ces montagnes à blocs fourniffent plus de pierres de tailles que les autres, quoique dans la réalité elles en con-tiennent moins, parce que les cailloux ou gallets qui empêchent qu'on ne puiffe les employer, font moins communs dans les blocs que dans les rochers qui font en couches, foit horizontales ou perpendiculaires.

A peu près une heure avant d'arriver au *Donnon*, j'ai examiné un efpece de trou circulaire, creufé d'un pied; j'y ai reconnu de la mine de fer en chaux ocreufe; elle eft pofée fur de la pierre de fable, je n'en ai pas vu plus loin, quoique j'y regardaffe avec attention. J'ai commencé bientôt à appercevoir le pied du *Donnon* & à plonger dans la profonde vallée que termine d'un côté la montagne fur laquelle je marchois : je paffai entre *le petit Donnon* que j'avois à ma droite & une autre montagne affez élevée, par le chemin qui y eft pratiqué pour defcendre à *Framont*. Le plateau qui eft entre les deux peut être élevé de trois cens cinquante toifes au-deffus du niveau de *Lottenbach*, ce qui n'eft point difficile à comprendre, puifque, comme je l'ai dit, on monte continuellement depuis ce Village.

Le *petit Donnon*, qui eft à la droite du chemin, eft encore élevé au-deffus d'environ cent-cinquante toifes; il eft couvert de blocs de fable comme toutes les montagnes adjacentes. Sur le fommet, il y a des bancs de pierre de fable horizontaux & il eft terminé par une grande plate-forme.

Après avoir defcendu du côté de *Framont*, environ deux cens toifes, je me fuis apperçu que les pierres de fable difcontinuoient, & j'ai reconnu quelques morceaux de chite verdâtre ; j'ai mis pied à terre pour obferver plus commodément, & j'ai continué de marcher jufqu'à la vallée de *Framont*, qui eft à une lieue au-deffous ; j'ai trouvé des rochers chiteux ardoifés, des pierres à rafoirs, & quelques morceaux de bazalt. Les variétés des couleurs font innombrables. J'ai d'abord rencontré de la pierre verdâtre, c'eft celle que l'on voit le plus fréquemment ; il y en a qui feroit très-propre à faire des pierres à éguifer ; d'autres un peu plus dures dont la couleur violette eft plus ou moins foncée ; quelques - unes de couleur de fer, ou d'un gris clair ou noirâtre. Le bazalt qu'on y trouve eft très-noir, un peu grenu ; il fait feu comme toutes les autres pierres de cette efpece : j'ai même apperçu quelques blocs de granit gris tantôt à gros grains, tantôt à petits grains. Ce granit eft micacé ; il y en a auffi de noir à grains variés. Tous ces granits fe montrent de diftance en diftance; ils s'élévent d'un demi-pied ou d'un pied au-deffus du niveau du terrein; il eft poffible qu'ils faffent la bafe de la montagne & qu'ils fe trouvent au-deffous de toutes ces roches qui font articulées obliquement comme le font ordinairement les chites; j'en ai obfervé de très-noir, poreux & qui n'eft point dur; mais ce qui m'avoit femblé bien extraordinaire, c'eft un banc de pierre grenée que j'avois d'abord pris pour de la pierre calcaire & qui me paroiffoit compofée d'*Oholites*; mais après l'avoir examiné longtemps, j'ai reconnu

Banc de pierre compofée de parties menues de granit, de chite & d'argille. qu'il n'eft autre chofe qu'une compofition de parties menues de granit, de chite & même d'argille. Toutes ces parties font fortement agglomerées & forment une pierre très-dure; elle eft d'un gris jaunâtre & traverfe les bancs de chite; je n'en ai vu qu'à un feul endroit; & je n'ai pu m'affurer ni de la largeur, ni de l'étendue de ce banc, parce qu'il eft recouvert de tous côtés des rochers détachés qui font en grande quantité jufqu'au bas de la defcente.

Je fuis enfin arrivé dans la vallée où eft *Framont.* Elle eft dirigée de l'eft à l'oueft. Toutes les montagnes font compofées de rochers chiteux de la plus

grande beauté. Leur couleur la plus ordinaire eſt un
brun noirâtre qui paroît changeant aux rayons du ſoleil
qu'ils réfléchiſſent comme l'acier. Ces montagnes
ſont couvertes de bois. La vallée eſt arroſée par
un ruiſſeau qui ſe réunit à *Schirmeck*, à la riviere
de *Bruſche*. J'ai trouvé dans cette vallée du chite
foncé très-gris ſur le chemin ; il y en a de couleur noire tres - ſombre , d'autre de couleur de
lie de vin mêlée de rayes d'un gris peu foncé ,
celui-ci eſt encore aſſez mince. J'ai obſervé auſſi des
morceaux de granit différents de ceux du Pays à
mines ; celui-ci qui eſt aſſez commun dans les environs de *Framont* n'eſt qu'un mélange de chite & de
parties quartzeuſes & bazaltiques.

    C'eſt dans les montagnes de la vallée appellée
grande Fontaine, qu'on tire la mine de fer. Elle en
ſort très-brillante , criſtalliſée en écailles & ſouvent
colorée comme la mine de l'iſle d'*Elbe*; elle réfléchit
aſſez ordinairement la couleur verte, ce qui avoit
fait croire qu'elle contenoit du cuivre ; mais ces couleurs ſont ſuperficielles , elles ne dépendent que de la
criſtaliſation de la chaux de fer qui, comme on ſait ,
a la propriété de ſe colorer différemment. Ces mines
contiennent auſſi beaucoup de chaux rouge. Les eaux

qui fuintent dans les galleries en font remplies, &
celles qui fortent de la montagne font en général
couleur de fang. Les filons ou veines de cette mine
font affez irréguliers , ou pour mieux dire, ce ne
font que des crévaffes ou fentes qui n'ont aucune
direction; on en tire des excavations & des ouvertures pratiquées dans la plus grande hauteur de ces
mêmes montagnes; elle y eft par amas affez confidérables. On ne lave point la mine de *Framont*; on
la porte au fourneau de fufion comme elle fort de
la gallerie; elle donne à peu près quarante livres de
fer au quintal. J'ai obfervé fur les fcories, ainfi que
fur les gueufes qui venoient d'être coulées nouvelle-
ment, une efpece de matiere légere du moins par
rapport au fer, aigre & comme micacée. C'eft la
blinde de fer qui eft d'une couleur grife très - brillante, & compofée de petites lames rayonneufes &
divergentes; fes caracteres diftinctifs font d'être ina-
taquables par les acides, & de ne point entrer en
fufion au plus grand feu. La difficulté de la traiter
& fon indeftructibilité ont empêché jufqu'ici de connoître fes parties conftituantes. On conjecture cependant que le quartz y domine , parce qu'on tire
de cette efpece de mine de fer quelques étincelles

avec le briquet ; elle se trouve très-communément dans les *Voges.*

Sur une des montagnes à gauche de la vallée , & peu éloignée de *Framont*, à peu près à mi-côte , je suis entré dans une gallerie élevée de six pieds, & qui peut avoir quatre-vingt pieds de long ; elle est creusée dans une espece d'ardoise d'un gris foncé. Cette ardoise est en couches régulieres très-minces & fort inclinées ; sa nature & sa couleur ne varient point ; elle est la même dans toute la longueur & jusqu'à la carriere de marbre.

Cette carriere peut avoir 50 pieds de hauteur & 60 de largeur ; la voûte est soutenue par des blocs de marbre qu'on laisse de distance en distance & qui servent de pilliers ou d'étais ; il se rencontre très-souvent des fentes assez larges & assez profondes qui sont naturelles. Ces fentes proviennent du desséchement de la matiere calcaire , qui nécessairement a dû occuper bien moins de place , après que l'eau qu'elle contenoit s'est évaporée.

Carriere de marbre.

Les marbres de *Framont* sont dans des montagnes primitives ; je crois qu'ils sont formés par les stalactites calcaires : ceux-ci sont remplis de chite & de spath, le chite empéche qu'ils puissent jamais contracter un beau poli & devenir bien luifants. Ils font de différentes couleurs; la principale eft le blanc qui domine, & qui eft rayé de violet, de rouge & de gris noirâtre, felon que le chite s'y trouve plus ou moins mêlé; on en tire auffi des blocs gris uni.

On trouve fur le haut de cette montagne de la pierre calcaire, mais d'un gris fale, brute, remplie de chite; elle ne peut conféquemment faire que de très-mauvaife chaux; c'eft de cette pierre dont on fe fert faute d'autre pour caftine, c'eft-à-dire, à ce que l'on croit, pour faciliter la fufion de la mine.

On m'a dit qu'il y avoit au pied du *Donnon* une carriere comme celle que je viens de décrire, plus près de *Schirmeck* que de *Framont*, & peu enfoncée dans la montagne. Je n'ai point vu d'échantillon de ce marbre, mais à en juger par le rapport des ouvriers qui travaillent à fon exploitation, il eft plus gris que celui de la vallée de *grande Fontaine*, quoique moins chiteux.

J'ai remarqué fur le chemin en defcendant à *Framont* des morceaux de chite couvert d'une belle pirite bien brillante; on m'a dit qu'en faifant une ouverture au pied de cette montagne, pour faciliter l'écoulement des eaux de la vallée, on avoit découvert une veine large de trois pieds ou quatre au plus, d'une espece de chite dur , très-gris & articulé comme l'est ordinairement cette roche. Ce chite est couvert presque également à toutes ses surfaces de cette pirite jaune martiale , parsemée comme de la poudre d'or.

Il n'est point étonnant qu'il se trouve des pirites dans ces chites; il est rare au contraire qu'il ne s'en rencontre point ; mais il est difficile de savoir comment elles s'y forment. Celles-ci contiennent ordinairement beaucoup d'argille & moins de soufre que celles qui sont dans les filons ; elles s'effleurissent aussi plus facilement.

J'ai traversé d'occident en orient la vallée de *Framont* jusqu'à *Schirmeck* ; rien de plus beau & de plus éblouissant que les rochers qui sont à découvert au bas des montages; on a peine à se persuader que leur matiere ne soit pas factice & qu'elle soit l'ouvrage de la nature.

Une grande prairie occupe tout l'espace entre ces deux chaînes de montagnes, qui sont couvertes d'arbres à leur sommet.

A *Schirmeck* , qui est à l'orient de *Framont* , j'ai observé encore les mêmes roches chiteuses; il y a derriere ce Village une petite montagne , ou pour mieux, dire le premier promontoire d'une fort haute qui en est couvert de tous côtés.

A *Schirmeck*, j'ai passé la riviere de *Brusche*, qui vient du midi, & je suis remonté vers sa source jusqu'à *Rothau*, qui est au sud-est de *Framont*, à la distance d'une lieue & demie. A gauche du chemin, depuis *Schirmeck* jusqu'au Village, j'ai remarqué une Granit gris blanc. forte de granit gris blanc à assez gros grains ; on m'a assuré qu'il se prolongeoit jusqu'auprès du Val de *Villé* & qu'une espece de chite, toujours très-sableux lui succédoit. A droite j'avois le Pays chiteux qui se prolonge encore, à ce qu'on m'a dit, jusqu'auprès de *Barr* d'un côté, & de l'autre jusqu'à *Ormate* ; après quoi recommence le Pays à sable.

Rothau est un petit village arrondi, situé au pied de la grande montagne appellée *Banc de la Roche*. la riviere de *Brusche* qui coule du midi au nord, & qui sépare l'*Alsace* de la principauté de *Salm*, en passe très-près & à son occident.

C'est dans cette chaîne de montagnes appellées Mine de fer en roches. *Banc de la Roche*, que sont les mines. Il y a douze filons fort éloignés les uns des autres, qui peuvent avoir environ un pied quelques pouces de largeur. Ces filons courrent du midi au nord ; ceux qui ne vont point très-profondément dans la montagne, se dirigent de l'orient à l'occident & coupent ces premiers.

Les mines de *Rothau* sont presque toutes en roches, & il n'y en a point de cristallisées, comme à *Framont*; elles sont aussi beaucoup plus riches, parce qu'elles ne sont pas chiteuses, étant dans des rochers grani-teux : elles donnent depuis vingt-cinq livres jusqu'à soixante & quinze au quintal. On y trouve quelquefois de la véritable hematite ; c'est là la meilleure de toutes les mines pour la richesse, elle est ordinairement cristallisée en stalactites rayoneuses.

Il y a autant de galleries que de filons, c'est-à-dire douze ; tous ces filons, comme je l'ai dit, sont dans des rochers graniteux à grains très-fins comme la véritable roche à mines ; & en général toute la chaîne de montagnes auprès de *Rothau* est de ce même granit gris blanc.

On exploitoit autrefois des mines de cuivre vertes auprès de *Rothau*, au lieu nommé *Villerbach*. On m'a assuré qu'il y en avoit aussi d'argent à *Belmont*, éloigné de deux lieues, mais elles sont abandonnées aujourd'hui.

De *Rothau*, je suis retourné dans la Principauté

de *Salm*, & je fuis allé à *Senones*; j'ai continué à voir les roches chiteufes & graniteufes de *Framont*, juf-qu'auprès de la montagne de *Plaine*, peu diftante du Village de ce nom. Cette montagne eft à gauche du chemin; elle eft très-élevée, & couverte de bois. J'ai vu qu'il y avoit au tour du fommet des blocs de pierres de fable avec des gallets, mais pas très-communs.

Quant au fond de la montagne, elle eft compofée de pierres de fable plus ou moins blanches, ou rouges. Cette pierre eft en couches affez minces & horizontales; quelquefois cependant elles font plus épaiffes & un peu bouleverfées. Cette difpofition varie.

Le Pays eft très-ouvert à gauche du chemin, je voyois les montagnes de fable de *S. Diez* quoiqu'il fût fort éloigné, & je n'avois alors aucune obfer-vation à faire de ce côté. Mais je fuis defcendu bien-tôt après; & toutes les montagnes & les coupes de terrein de part & d'autre m'ont offert du fable. Près du village de *Belval*, j'en ai remarqué une carriere dont les feuillets font paralleles & ont à peine quatre pouces d'épaiffeur; ils font communément d'un beau blanc ou couleur de rofe tendre.

En

En général, dans tout ce Pays qui eſt entre *Rothau* & *Senones*, j'ai remarqué que les couches de pierres ſont très-minces, & qu'il n'y a de cailloux qu'à une grande élévation.

Entré dans le village de *Belval*, j'ai été très-ſurpris de le voir pavé de rochers bazaltiques noirs, n'en ayant point vu du tout juſques-là. On m'a dit qu'on les trouvoit à une lieue, ſur une montagne, à gauche du chemin ; je n'ai pu m'en aſſûrer.

Bazalt.

Dans l'étendue de bois que j'ai parcouru depuis ce Village juſqu'au commencement de la vallée de *Senones*, je n'ai obſervé qu'un terrein de ſable, & en particulier une carriere de pierres auſſi blanches que du gyps, & qui eſt, comme toutes celles dont je viens de parler, en feuillets très-minces.

Carriere de pierre de ſable blanche.

Je ſuis enfin arrivé dans la grande vallée où eſt *Senones* ; & je ſuis d'abord paſſé par le village de *St. Jean*, qui eſt fort élevé. Il eſt conſtruit ſur des couches de ſable épaiſſes d'un pouce au plus. J'ai examiné tout auprès une eſpece de pierre aſſez dure, compoſée de grains de ſable, mais infiniment groſſiers, preſque comme de petits cailloux ; elle eſt aſſez blanche & un peu micacée. Je crois que ce peut être une eſpece intermédiaire entre la pierre

Pierre de ſable dure a gros grains.

de fable & le granit, ou un granit de feconde formation : ce qui me porte à la définir ainfi, c'eft
qu'elle eft bouleverfée & point en couches réguliéres.

Avant d'arriver à *Lemont*, j'ai remarqué fur le chemin quelques maffes de granit; mais il y eft apporté
des montagnes voifines. Ce Village eft affez enfoncé ;
j'y ai encore trouvé de la pierre de fable fans gallets,
à peu près de la même couleur que j'ai précédem-
ment décrite.

Enfin au Village appellé *la petite Ráon*, qui eft
encore plus abaiffé que celui de *Lemont*, j'ai
apperçu auprès du ruiffeau qui le traverfe, une
efpece de roche articulée, que j'ai reconnu être
du chite dur & noir : ayant fait quelques pas
dans l'interval que laiffoient entr'elles deux maifons
adoffées à la montagne à droite du chemin, j'ai
apperçu un rocher de la plus grande beauté, femblable à celui que je venois d'examiner; c'étoit du
chite dur, couleur de lie de vin fombre, ou tirant
fur le violet, quelquefois graniteux, quelquefois
tenant beaucoup de la nature du porphire.

Depuis ce Village jufqu'à *Senones*, le chemin eft
toujours bordé à droite par ces fuperbes rochers,
dont beaucoup de parties font à peu près couleur de

fer, ou plutôt d'acier, car ils brillent & paroiffent colorés diverfément fous différens afpects.

La vallée eft très-refferrée à l'endroit où eft la ville de *Senones*. Le Château du Prince de *Salm* fe voit du côté par où l'on arrive, & les Jardins occupent toute la largeur du vallon ; ils ne font féparés du chemin que par la riviere de *Rabodot*, (*rapidus fluvius*) qui reçoit le *Pierré* à *Moyen-Moutier* , & va fe perdre dans la *Meurthe*. Il eft impoffible de rencontrer un fite plus pittorefque. Les rochers qui bordent de chaque côté le bas des montagnes y femblent arrangés par les mains de l'art, & difpofés pour terminer les jardins de la maniere la plus agréable.

La vallée de *Senones* eft formée à droite par une chaîne de montagnes toutes liées, très-peu féparées les unes des autres, & couvertes de bois. Elles font auffi compofées de la même matiere dont j'ai parlé, qui, à une certaine hauteur, eft recouverte de granit très-agglomeré & tenant beaucoup de la nature du porphyre. Par-deffus il y a des couches de fable, & le tout eft furmonté de rochers de pierres de fable avec des gallets, & quelques-uns fans gallets.

Granit
tenant de
la nature de
porphire.

Rochers
de pierre
de table.

J'ai examiné encore au milieu de la vallée, une

petite montagne isolée de deux cens pieds de hauteur
ou environ, peu éloignée de la Ville, & qui a à-peu-
près la forme d'un pain de sucre ; je l'ai trouvé conf-
truite de même que la grande chaîne dont je viens
de parler ; ce qui m'a fait présumer que les montagnes de l'autre côté de *Senones* font femblables abfolument à celle-ci : j'ai vérifié cette conjecture qui s'eft
trouvée fondée ; car ayant paffé la petite riviere de
Rabodot, qui coule au milieu de la Ville & baigne
les murs de l'Abbaye, je fuis allé fur une montagne
baffe qui en eft très - voifine ; j'y ai trouvé ce que
j'avois imaginé, des roches de granit un peu micacées
& dont les grains font affez gros ; cette montagne
étant très-peu élevée, je n'y ai point vu de pierre de
fable ; mais j'ai examiné celle qui eft fur la chaîne
oppofée ; je la voyois diftinctement à travers les arbres
qui la couvrent : en defcendant de cette premiere
montagne ou promontoire, j'ai retrouvé des rochers
jafpeux ; ainfi toute cette vallée eft compofée de
même.

Mais à l'égard de ce côté, il y a une obfervation
importante à faire, c'eft qu'au deffus des rochers à
grains fins, jafpeux & porphireux qui font tout-à-
fait dans le bas, le granit fe trouve en rochers con-

tinus, tandis que plus haut, il eſt en maſſes iſolées & diſperſées çà & là.

Parti de *Senones* pour *Moyenmoutier*, qui eſt éloigné d'une lieue & demie, j'ai continué à voir les mêmes objets. Toutes les hauteurs à l'eſt de *Senones*, ſont de granit porphireux; & toujours dans les fonds la même roche articulée; j'ai même remarqué du jaſpe rouge; à droite la chaîne réguliere de pierre de ſable, & à gauche, les roches que je viens de décrire; c'eſt une ſingularité bien frappante que cette difference entre des chaînes qui ſont ſi proches l'une de l'autre.

A *Moyenmoutier* ſe termine cette chaîne de montagnes paralleles, courant du nord au ſud; ſur la derniere qui finit préciſément en face de l'Abbaye, s'éleve un rocher de ſable de quatre-vingt pieds de hauteur, & de vingt de largeur; des eſcalliers ſont pratiqués pour y monter. Il eſt formé par des bancs poſés les uns ſur les autres & remplis de beaucoup de cailloux.

Dans la Cour même de l'Abbaye, j'ai apperçu au pied d'une petite montagne un banc très-remarquable d'un beau granit porphyreux, quelquefois jaſpeux, au milieu duquel eſt une veine d'une pierre verte, jaſpée, couverte de dendrites, & tenant beaucoup

E iij

de la nature de la pierre à rafoir. Quoique de couleur verdâtre en général , elle varie cependant,
ainfi que le granit qui eft ou porphireux, ou jafpeux , tantôt noir, tantôt rouge, ou bien gris. Cette
roche eft toujours articulée comme la précédente ;
on m'a affuré qu'on y avoit vu des veines de mines
de plomb ; je n'ai pu le vérifier, parce qu'on avoit
fait fauter la roche où elles étoient, pour applanir
le terrein.

J'ai dit que la chaîne de montagnes qui eft à la
droite de *Senones* , finit à *Moyenmoutier* : là elles
s'éloignent, & la vue n'eft bornée d'aucun côté
jufqu'à la vallée où eft *Saint - Diez*. J'ai encore vu
des roches chiteufes, dures comme celles que j'ai
décrites, jufqu'au village de *St. Blaife*, à une demi-
lieue de *Moyenmoutier*. Je les ai perdues en montant,
& la pierre de fable d'abord en couches friables &
très - minces leur a fuccédé. Il y en a auffi d'efpace
en efpace, qui font roulées, mais point de cailloux.
Je n'ai rien obfervé de remarquable ni de différent
jufqu'au village de *Lavoivre*, à une demi - lieue de *St.
Diez*. Là j'ai apperçu dans un Jardin , à gauche du chemin, un petit banc de la même roche chiteufe, dont
les parties font jointes enfemble & articulées de la

même maniere que nous l'avons vu jufqu'ici ; ce qui fait préfumer que c'eft une extenfion de celles de la vallée de *Senones*. J'ai cherché inutilement dans les lieux voifins fi je n'en verrois point d'autres ; je n'en ai plus rencontré ; le terrein y eft trop élevé.

Les montagnes qui font près de *St. Diez*, font en général compofées de pierres de fable blanchâtres ou rougeâtres & roulées, prefque rondes & remplies de gros gallets quartzeux ; je ne parle que des montagnes de moyenne hauteur ou des parties adoffées à ces montagnes ; car pour les grandes élévations, elles font formées prefqu'entiérement de grandes maffes ou rochers de pierre de fable.

Pierres de fable roulées.

CARTE QUATRIÉME.

DEPUIS ST. DIEZ JUSQU'A HASTATT.

SAINT-DIEZ eft dans une vallée vafte & riante, arrofée par la riviere de *Meurthe* ; les montagnes de cette vallée font pour la plupart fort élevées. Je fuis allé fur une des plus hautes appellée *le Dormont*, qui eft à l'orient de la Ville ; elle a au moins quinze cens pieds de hauteur, elle eft très-étendue dans toutes fes dimenfions, & très-rapide. La pierre eft

Pierre de fable en couches minces. en couches affez minces au pied de cette montagne ; mais à une élévation plus confidérable, on ne voit que des maffes énormes de ces roches dont la plupart font couchées les unes fur les autres horizontalement ou obliquement, d'autres font droites ou peu s'en faut ; en général, c'eft une montagne à blocs, d'autant plus remplie de cailloux, qu'ils font plus près du fommet, comme je l'ai déja obfervé.

Environ cent toifes au deffous, il y a d'énormes rochers appellés les *Roches des Fées*. Ils forment deux promontoires qui ont cinquante à foixante pieds, felon les differents afpects d'où on les regarde. Ces rochers Bancs énormes de pierres de fable. font compofés de bancs qui ont depuis un pied jufqu'à fix, & qui ne font point attachés ni liés, mais feulement pofés les uns fur les autres, & fouvent horizontalement. J'en ai compté douze dans le prémier promontoire, & dix dans le fecond, qui eft le plus près du fommet. Il y a entre les deux de très - groffes pierres rondes ou quarrées, entaffées fans ordre, élevées prefque au quart de la hauteur des rochers.

Après avoir defcendu la montagne du côté de la Ville, j'ai examiné une petite appendice qui eft au bas ; l'intérieur eft formé de couches de fable très-minces; il est quelquefois violet ; il y en a aussi de blanc & de verdâtre, dont les grains sont si fins qu'on croiroit d'abord que ce sont des terres bollaires. Cette appendice est couverte d'un granit gris, ressemblant un peu à la roche à filons, & en couches sphériques. J'ai reconnu dans ce granit des morceau d'une agathe de montagne très-grenue , sur lesquels j'ai vu quelques grains d'améthyste en petits cristaux.

Sable rouge, vert & violet.

Granit gris.

Agathe de montagne.

Je suis monté aussi sur la côte de *S. Martin*, qui est à l'ouest de *S. Diez*. Elle est beaucoup moins haute que le *Dormont*, & très-dépouillée dans la partie qui est en face de *S. Diez*. On voit sur le sommet des rochers de sable & de gallets, comme ceux que je viens de décrire. Ils sont absolument nuds. Le corps de la montagne est composé, comme toutes les voisines, de pierres de sable ; mais elle tient un peu, vers le bas, de la nature du granit, c'est-à-dire qu'elle est composée de grains assez gros, & qu'elle est dure ; mais elle change en s'élevant & revient comme par-tout ailleurs.

Rochers de sable & de gallets.

On m'a montré à *S. Diez* de la pierre calcaire qu'on m'a dit venir de *Robach*, à une lieue de la Ville.

Pierre calcaire.

Cette pierre eſt grenue, peſante & d'un blanc gris; elle ſe trouve en couches minces.

J'ai remarqué, en ſuivant la *Meurthe*, que les pierres de ſable qui ſont ſur les rives, & que les eaux mouillent continuellement, ont perdu leur couleur rouge, & ſont preſque blanches : changement de couleur dû à l'action des eaux, qui en les lavant, entraînent & dégagent le fer qu'elles contenoient.

De *S. Diez* Je ſuis allé à *la Poutroye*, qui en eſt éloigné à peu près de ſix lieues. Le chemin qui eſt preſque en ligne directe pendant les trois premieres, ne m'a offert d'abord que des cailloux de granit & de quartz. A une lieue de la Ville, des ouvertures faites dans les monticules des deux côtés de la roûte, m'ont fait obſerver qu'elles ſont compoſées de pierres de ſable roulées, agglomérées dans du ſable; mais bien-tôt leur conſtruction change; & à une lieue & demie, il n'y a plus que du granit.

Les premiers promontoires, auprès de la montagne *du Bon-Homme*, ſont de maſſes de granit rondes & quarrées. Il eſt preſque tout noir, & contient beaucoup de mica. Souvent il eſt à gros grains. Toutes ces maſſes ſont agglomérées & liées enſemble par du fable, qui n'eft autre chofe que de la pouffiere de ce même granit. Les Prairies font femées auffi de blocs de différentes formes ; le cours des ruiffeaux eft fouvent détourné par les énormes pierres qui s'oppofent au paffage de leurs eaux.

La Montagne *du Bon - Homme*, fi étendue & fi confidérable, eft couverte de maffes femblables. Elles ne font point éparfes çà & là ; dans les cantons qui font cultivés, elles fervent de clôtures & de murs aux différens héritages. Chacun entourre fon champ avec les pierres qui en gênoient la culture, & le fépare ainfi du champ voifin.

J'ai vu depuis le tiers de la montagne à peu près, des maffes d'un quartz très - blanc & très - dur. Ce quartz eft en morceaux affez confidérables ; quelquefois il eft ftrié de rouge. Je n'ai point vu de pierres de fable fur le fommet, mais beaucoup de fable, ou plutôt de granit pulvérifé.

J'ai apperçu de la pointe *du Bon-homme*, la haute montagne du *Perfoir*, qui eft près de *Ste. Marie-aux-mines ;* en defcendant du côté de la *Poutroye*, le granit ceffe d'être noir ou gris, il devient extrêmement varié, j'en ai obfervé de verdâtre, de violet, de rouge ; quelquefois il eft bazaltique & noir, à grains très-fins; j'en ai vu auſſi, plus rarement à la vérité, qui

Granit chiteux.

eſt preſque chiteux; il reſſemble aux pierres à raſoir, & eſt articulé de même.

Le Village qui eſt au pied du *Bon-Homme*, & qui porte le même nom, eſt arroſé par le ruiſſeau appellé le *Begume*, qui coule d'occident en orient juſqu'à la *Poutroye*, & ſe jette dans la riviere de *Veiſs*. Il cotoye à gauche du chemin, des montagnes qui ont environ deux cens toiſes d'élévation. Il y a ſur la premiere & la plus proche du Village, trois rochers de granit très-élevés, qui peuvent avoir ſoixante

Rocher de Granit.

pieds de hauteur. Toutes les autres ſont couvertes de bois & compoſées comme la montagne du *Bon-Homme*. Celles qui ſont oppoſées, c'eſt-à-dire à droite du chemin, ſont abſolument nues; on n'apperçoit que des rochers pelés, articulés comme la roche à filons.

Toutes les montagnes autour de *la Poutroye*, ſont à peu près compoſées comme celles-ci; les plus hautes ſont quelquefois couvertes de pierres de

Pierre de ſable.

ſable rouge foncé, ſemées de quelques gallets fort petits pour la plupart. J'ai remarqué dans quelques-unes des feuillets de bol très-minces, &

Bol couleur de roſe.

couleur de roſe tendre. J'ai trouvé auſſi parmi des pierres qu'on avoit amaſſées auprès d'une vigne,

non loin du Village, des morceaux de fpath calcaire, mêlé de choerl noir, & grenu. Ce fpath eft
très-blanc, ou d'un beau violet; quelquefois il y a
de grandes feuilles de mica ou argent de chat de
toute la longueur des morceaux qui féparent le rocher du fpath, ou qui traverfent le fpath même, je
n'ai pu apprendre d'où ces pierres avoient été apportées, & malgré mes recherches, je n'en ai vu
nulle autre part fur la montagne où j'étois, ni fur
les voifines.

De *la Poutroye* en allant à l'Abbaye de *Pairis*, je
fuis paffé fur des montagnes extrêmement hautes,
qui font une continuation de celle appellée la montagne du *Bon-Homme*. Rien n'eft plus affreux que leur
afpeĉt. Point de plantes, point d'arbres; des maffes
énormes de granit gris roulé, couvrent prefque
toute leur furface. Le chemin, fi toutes fois c'en eft
un, eft prefque impratiquable. Ces maffes d'une
groffeur prodigieufe, à chaque pas, obftruent le paffage. Ce n'eft que par de longs détours qu'on par-
vient à les éviter; & l'on a peine à concevoir, en
regardant ces montagnes difficiles & rapides, qu'on
puiffe parvenir au fommet qui paroît inacceffible.

Après avoir marché pendant cinq heures, pour

faire trois lieues, je suis enfin defcendu au pied du
Lac blanc. *Lac blanc*, fitué au nord-oueft de l'Abbaye de *Pairis*.
Environ à cinquante toifes au deffus du bord, du
côté du nord-eft, s'éleve une telle quantité de blocs
de granit & de rochers entaffés & accumulés, qu'on
ne peut en approcher fans courir des rifques conti-
nuels. Tantôt il faut grimper prefque à pic, & tantôt
fe traîner en s'aidant de tout ce qui fe préfente fous
la main, quelquefois franchir les intervals qui féparent ces maffes, quelquefois marcher fur les bords
étroits d'un profond précipice. Mais quand le voyageur n'auroit rien à obferver comme naturalifte, il
feroit bien dédommagé de fes fatigues par la vue du
lac fur lequel fes yeux & fon imagination fe repofent,
& par le contrafte piquant & le fpectacle enchan-
teur qu'offrent fes environs.

Ce Lac eft concave du côté des rochers qui le couronnent & le ferment en demi-cercle. Il eft un peu
convexe à l'autre afpect, c'eft-à-dire à l'occident.
Là fes bords font élevés de cent cinquante pieds &
tout-à-fait efcarpés. Les rochers de cette montagne
font abfolument nuds; ils font articulés comme la
roche à filons; les eaux du lac en baignent le pied;
elles font très-claires & très limpides; & c'eft de là

d'où lui vient le nom de *Lac blanc*. Il peut avoir de
longueur à peu près cinq cens toifes & de largeur
cent au plus. Ses eaux s'écoulent par un ruiffeau qui
defcend à l'orient dans la vallée où eft *Pairis* ; à l'en-
tour de ce lac, font des fources très-abondantes ,
principalement du côté qui eft efcarpé & à l'orient.

L'abondance & la multitude de ces fources peuvent fervir à expliquer la formation de ce lac. Des
granits roulés en grand nombre bordent un de fes
côtés & y font vifiblement tombés du haut de la
montagne. Il eft également vraifemblable que le fond
même du lac eft pavé en quelque forte par des maffes
de même matiere , que les torrents y ont entraînées.
Il eft facile après cela de concevoir la maniere
dont les vuides de cette efpece de pavé fe font remplis.

Toutes ces montagnes font formées de criftaux
ou de maffes rangées les unes fur les autres. La
preffion refpective qu'elles exercent auffi les unes à
l'égard des autres, en brifent des parties qui ne font
plus qu'une matiere ou terreufe ou graniteufe, friable & mobile qui paroit les lier, mais que les
eaux détrempent, minent & entraînent infenfiblement.
Ces maffes dégagées de ce corps intermédiaire qui
les uniffoit , fe féparent, & privées de leur point

d'appui, s'ébranlent, tombent & s'écroulent. Ainſi s'opérent ces énormes éboulemens qui hériſſent de roches nues, les Prairies fertiles des vallées. La même cauſe qui a précipité au fond du lac les maſſes qui le rempliſſent, en a auſſi comblé les intervals. Les eaux des mêmes ſources, après avoir détaché ces matieres friables & mobiles qui lioient les criſtaux entr'eux, ont entraîné cette eſpece de ſédiment dans le fond du lac; il s'eſt inſenſiblement introduit dans les intervals des grandes maſſes; l'eau dont il a intercepté toutes les iſſues, ne pouvant plus ſe perdre, s'eſt trouvée contenue comme dans un baſſin qu'elle a remplie; ainſi **on** peut dire que les eaux qui forment ce lac ſe ſont en quelque ſorte préparé elles-mêmes le lit tranquille dans lequel elles repoſent.

Je penſe que le *Lac noir*, qui eſt au midi de celui-ci, & à une demi-lieue ſeulement de *Pairis*, a été formé de même, car il eſt auſſi environné de tous cotés de ſources & de granits roulés.

Pour y arriver, on paſſe ſur une très-haute montagne qui eſt entre les deux lacs, & qui eſt couverte, de même que les voiſines, de maſſes énormes de granit ſurmontées à ſon ſommet par des rochers

chers pelés, de plus de quarante pieds d'élevation. Ceux-ci font dans leur fituation naturelle, & n'ont été dépouillés que de la terre qui les entouroit. Là on voit à l'aife la maniere dont ils font rangés ; & ils peuvent fervir à faire connoître l'organifation inté-rieure de ces montagnes.

Après avoir defcendu pendant quelque temps, j'ai apperçu le *Lac noir*, qui eft en face de l'Abbaye de *Pairis*, dans la même vallée. Ce lac eft à peu près de forme ovale. Il peut avoir cent vingt toifes de large & cent quarante de long. Ses eaux paroiffent noirâtres & fales, d'où lui vient le nom de lac noir; mais cette couleur n'eft qu'apparente ; fes eaux font auffi limpides que celles du *Lac blanc*, & c'eft la quantité des plantes & des herbes dont le fond eft tapiffé, qui fait paroître l'eau trouble & bour-beufe.

La montagne fituée à l'occident du lac qui en baigne le pied, peut avoir cinquante toifes d'é-lévation ; elle eft efcarpée comme celle du *Lac blanc* ; & fes rochers font articulés de même, abfo- *Roches articulées.*
lument nuds & coupés à pic.

Il fort de ce lac un ruiffeau qui coule à l'eft, & fe réunit d'abord à celui qui defcend du *Lac blanc*.

F

Plus bas il eſt groſſi par quelques courants, & formé enfin la petite riviere appellée *Weiſs*.

J'ai ſuivi ce ruiſſeau en le deſcendant juſqu'à l'Abbaye de *Pairis*, qui eſt dans le fond du val d'*Orbe*, toujours par des chemins preſque impratiquables, couverts, comme toutes les montagnes voiſines, de rochers énormes, arrondis, ou quarrés, plus ou moins uſés par les eaux, & qui n'offrent que le triſte ſpectacle d'une éternelle ſtérilité.

Cette continuité de rochers s'étend juſqu'aux murs de l'Abbaye. Mais du côté oppoſé, l'aſpect eſt fort différent; il n'eſt ni ſauvage ni déſert. On apperçoit le Village d'*Orbe*, dans une poſition charmante, & qui fait la plus jolie perſpective, & le point de vue le plus agréable pour l'Abbaye, tandis qu'à une demi-lieue, les montagnes de la vallée ſont couvertes de bois juſqu'à leur ſommet qui en eſt couronné.

Pierre de ſable.

J'ai remarqué un monticule du val, un peu à gauche, au de-là du village d'*Orbe*, qui m'a ſemblé être compoſé de ſable; il eſt preſque iſolé, abſolu-ment nud, & a la forme d'un cône. On m'a dit qu'il s'appelloit *Faudé*, & que ce nom lui venoit par cor-ruption de *Faux Dieux*, attendu que c'étoit, ſuivant la tradition, l'emplacement d'un temple qui leur avoit été confacré. Je n'ai point vu d'autre montagne qui fut de fable ; toutes font compofées de granit.

J'ai été obligé pour aller à *Munfter*, de paffer encore fur une branche de l'affreufe montagne au bas de laquelle eft le *Lac noir*, à l'occident de l'Abbaye ; mais pour y monter plus facilement, ayant pris à gauche un chemin qui entre dans le bois, j'ai trouvé au commencement de la pierre de fable fans cailloux, brifée. Elle n'eft point en couches régulieres, & fans doute elle y eft tombée, ou elle a été amenée d'une montagne voifine. Je ne puis dire de laquelle, parce que je n'ai pu monter fur celles qui font les plus proches. Ayant continué ma route, lorfque j'ai été un peu plus élevé, j'ai trouvé du granit articulé & enfuite de groffes maffes détachées, & quelques pierres de fable ; mais dans la grande hauteur, il n'exifte abfolument que du granit. Après avoir defcendu l'efpace de cent toifes au deffous du fommet du côté du vallon de *Munfter*, j'ai rencontré de nouveau de la pierre de fable roulée & remplie de gallets, point du tout en couches. Plus bas j'ai obfervé, de diftance en diftance, des morceaux

Maffes
de granit.

Quartz blanc & rouge.
Agathe de montagne.

de quartz blanc & rouge & de l'agathe de montagne. Au bas de la defcente qui eft de plus d'une
demi-lieue, le granit eft infiniment coloré, il paroît teint en rouge par l'ocre martial, ce qui m'annonçoit la préfence du fer. Cependant, malgré mes
recherches, je n'en ai point reconnu de veftiges,
& je n'ai apperçu aucune trace de ce minéral en
particulier.

Granit bazaltique.

Le village de *Soulsreim*, qui eft au pied de la
montagne, eft pavé de granit bazaltique noirâtre;
j'en ai trouvé de même affez abondamment, & quelques morceaux fort gros dans les environs. Ce village eft au commencement de la riante vallée où eft
Munfter, qui fe dirige du nord-eft au fud-oueft;
elle eft arrofée par un ruiffeau confidérable : les
montagnes de part & d'autre font de granit, couvertes de bois dans la hauteur; quelques pierres de
fable fe voyent fur les fommets.

Le vallon de *Munfter* eft affez large; il a une
demi-lieue dans quelques endroits; c'eft le plus
beau de l'*Alface*, le plus riche & le plus varié; ici
ce font des champs dorés, de bled, de feigle, de
mays, qui offrent de tous côtés l'image de l'abondance, & font admirer la fertilité du fol & l'ex-

cellence de la culture ; là de jolis vergers & des Prairies émaillées & fraîches récréent doucement la vue que bornent de petits côtaux plantés de vignes & difpofés en amphithéâtre de chaque côté au pied des hautes montagnes.

Munfter eft un bourg bien bâti. Il eft pavé de cailloux de granit, de quartz, de jafpe en général de toutes efpéces ; on les prend dans la petite riviere dont je viens de parler, & qui en eft remplie. J'ai continué de fuivre fon cours & la vallée pendant l'efpace d'une heure, jufqu'à ce que je fuis entré à droite du chemin, dans un petit vallon très - étroit, au commencement duquel eft le village de *Sultzbath*, renommé par fes eaux gazeufes. Les montagnes de ce vallon fe dirigent du nord au fud & font couvertes de fapins & de chênes dans la plus grande élévation ; le milieu d'une Prairie qui en occupe le fond, eft traverfé par un petit ruiffeau profond, & d'une eau très-limpide.

Je fuis allé, en arrivant, fur la montagne à l'eft du Village, au pied de laquelle eft la fource gazeufe ; je l'ai trouvé compofée par le bas de granit à fins grains, ou roche à filons, mais un peu chiteux & griftre. J'ai remarqué auffi du granit bazaltique beau-

Cailloux de granit, de jafpe, de quartz.

Eaux minérales & gazeufes.

Granit chiteux & choerleux.

coup plus dur que le premier; il s'y trouve com‑
munément du choerl, mais en petits morceaux, &
au haut de la montagne feulement du granit en plus

Granit à
grosgrains. gros grains, gris & blanc. Le fommet ne m'a rien
offert de différent; j'en fuis redefcendu par un autre
chemin; j'ai toujours vu les mêmes objets; ce qui
m'a fait préfumer que toutes les montagnes de cette
petite chaîne font conftruites de même, & il y a
tout lieu de le croire, car elles font de même hau‑
teur, fort rapides & jointes prefqu'entiérement.

J'ai obfervé enfuite une montagne de l'autre côté
de la vallée. Elle eft élevée à peu près de fix cens
pieds comme toutes les autres adjacentes. J'ai trouvé
au bas du granit qui m'a paru, au premier coup
d'œil, femblable à celui que je viens de décrire.
Cependant je l'ai brifé plus aifément; il eft beaucoup

Rochers
chiteux. plus chiteux que l'autre, & abfolument comme celui
de *Framont.* J'en ai vu de très‑gros rochers mêlés
de rouge, quelquefois de violet. En général il eft en
couches très‑minces, ou feuilleté & extrêmement

Granit
dur articu‑
lé. friable. Vers le quart de la montagne le granit change
de nature, il devient dur, & fes parties font
articulées & à gros grains. Il n'y en a point en
maffes détachées, mais j'ai trouvé des maffes de

quartz vitreux d'un beau blanc & veiné de rouge; elles font affez communes fur le fommet qui eft couvert de bois de tous les côtés. Les maffes de quartz dur & très-compacte font des criftallifations particulieres de la matiere, & ne différent du granit proprement dit, que parce que leurs parties font d'une pâte unie, homogêne & d'une même couleur. Ce phénomene eft très-ordinaire dans toutes les *Vôges*.

J'ai marché fur cette montagne l'efpace d'une demi-heure, & je ne fuis defcendu que lorfque j'ai été au-deffus de *Sultzbach*, c'eft-à-dire à l'extrémité de la montagne & de la vallée. Je n'ai vu que du granit à gros grains jufqu'au pied de cette montagne, & je n'ai point retrouvé les mêmes rochers chiteux, comme je l'avois conjecturé. Quelques veines noires, & la couleur du granit qui eft très-brune, m'ont fait foupçonner du fer; mais je n'ai pas eu de preuves certaines qu'il en exiftat.

Je fuis forti du joli vallon de *Sultzbach*, pour continuer ma route dans la riche vallée de *Munfter* jufqu'à la plaine d'*Alface*, qui commence à une lieue de ce Village. Les montagnes ne changent point de compofition; elles font toujours de granit, à l'exception des dernieres qui bordent l'*Alface* & qui font

plus petites & plus baſſes. Celles-ci ſont conſtruites
ou de pierres de ſable en couches, ou formées de
l'aſſemblage des débris de toutes les autres, la plupart de pierres roulées & uſées ; parmi ces pierres,
il s'en trouve communément de calcaires.

Au premier Village dans la plaine, & très - près
des montagnes, j'en ai apperçu de couleur très-bleuâ-
tre ; elle eſt ſableuſe comme elles le ſont ordinairement dans le voiſignage des Pays à granit, ou de ſable.
Le chemin eſt compoſé de cailloux de quartz. Quant
au terrein, je l'ai examiné attentivement, & j'ai reconnu qu'il n'eſt qu'un mélange de ſable & d'argille
griſe , avec beaucoup de cailloux de riviere à peu
près comme à *Saverne.* Je n'ai rien vu de différent
juſqu'à *Colmar,* qui eſt à trois lieues de *Sultzbach ,*
dans une ſuperbe plaine aſſez ſemblable à celle de
Strasbourg, mais beaucoup plus fertile encore , &
couverte de Villages très-proches les uns des autres.

Je me ſuis rapproché des montagnes le lendemain
& je les ai côtoyé juſqu'à *Cernay ,* qui eſt à huit
lieues de *Colmar.*

En ſortant de la Ville, j'ai apperçu, derriere les
montagnes qui ne ſont qu'à deux lieues, le Château
d'*Honac ,* qui eſt ſur une pointe très-élevée en pain

de fucre & toute de fable. C’eft là où l’on prend la pierre pour bâtir, parce qu’elle contient peu de gallets, à ce que j’ai vu, ce qui eft contre la régle générale, attendu la grande hauteur de cette efpece de pic.

Pierre de fable bonne pour bâtir.

CARTE CINQUIÉME.

DEPUIS HASTATT JUSQU’A BELFORT.

A QUELQUE diftance du village de *Haftatt*, il y a une carriere d’un beau gyps ftrié & blanc ; je n’ai pu en avoir, mais fans doute il eft comme celui de *Hochfelden* & de *Stenheim*, étant dans le même Pays & à peu près à un égal éloignement des montagnes.

Carrieres de beau gyps.

A gauche de la route de *Belfort* que je fuivois, j’ai vu, auprès du village de *Plaffenheim*, une carriere de pierres calcaires très-blanches dans un petit monticule. Cette pierre n’eft prefque compofée que d’*oholites* & de quelques huitres par couches affez épaiffes, & un peu inclinées. Le terrein eft excavé tout au tour, & il y a très-longtemps qu’on exploite cette carriere. On m’a dit qu’il y avoit eu autrefois un canal depuis *Neufbrifac* jufqu’à ce monticule, &

Carriere de pierres calcaires blanches.

Pierre fableuse. que c'eſt - là qu'on chargeoit des pierres calcaires & des pierres de ſable pour la conſtruction des fortifications de la Ville. La montagne qui eſt de l'autre côté du chemin, c'eſt-à-dire à droite, & preſque vis-à-vis du village de *Plaſſenheim*, eſt fort conſidérable & toute de pierre ſableuſe. Les bancs ſont preſque horizontaux, très-larges, & contiennent peu de gallets. C'eſt cette pierre qu'on tranſportoit par eau à *Neufbriſac*. Il y a encore aujourd'hui des exploitations très-conſidérables dans cette montagne, la ſeule dont les bancs ſoient d'une bonne qualité.

Le chemin en eſt compoſé depuis *Colmar*; mais, dans le village de *Ruffach*, je n'en ai point vu, il Bazalt noir d'un grain très-fin. eſt entiérement pavé de pierre dure, ou bazalt noir, d'un grain très-fin & très-uni. On n'a pu me dire d'où il venoit.

Il y a encore ici une très-grande montagne de Carrieres de pierre de ſable. ſable qui eſt remplie de carrieres comme les précédentes.

J'ai trouvé auſſi le village d'*Iſenheim*, pavé de ce Bazalt. même balzalt, & cependant je n'en ai point apperçu ſur le chemin. On ne m'a pas mieux inſtruit qu'au village précédent. J'ai ſu ſeulement qu'il venoit des montagnes voisines , je n'ai pas eu le temps de m'en assurer ni de visiter les lieux dont je soupçonnois qu'on l'avoit tiré.

J'ai encore fait trois lieues toujours côtoyant les *Vóges* jusqu'à *Cernay*, où je m'en suis éloigné. Je n'ai rien vu de remarquable ni de digne de l'attention d'un Naturaliste pendant cette espace; il n'y a de part & d'autre que des prés marécageux. Le Pays est infiniment triste ; ce n'est plus cette riche & fertile plaine que j'avois eu tant de plaisir à admirer depuis *Colmar*. On ne voit là qu'un terrein presque inculte, rempli de roseaux, de joncs, & que le soc de la charue n'a jamais ouvert ni fertilisé.

Tous les environs du Village de *Cernay* sont très-sabloneux ; il y a aussi une immense quantité de cailloux de quartz très-gros ; c'est l'effet des débor-dements très - fréquens de la riviere qui vient de *Thann* & qui s'est répandue fort au large à droite & à gauche; je n'ai rien vu de calcaire. Les petits monticules que j'avois d'abord cru être de cette pierre, se sont trouvés entiérement de terre mêlée avec du sable.

Cailloux de quartz.

Terre sa- bloneuse.

Je me suis approché des montagnes qui font tout près du Village. Les plus baſſes au pied des *Vôges* font compoſées, ſuivant la régle générale, d'un amas de pierres roulées. Il y en a de calcaires, bleues à la ſuperficie, mais point en couches régulieres ; c'eſt abſolument la même que celle que j'ai déjà décrite & qui ſe trouve ſi abondamment dans la baſſe *Alſace*. Au-deſſous de la pierre de ſable, j'ai vu des morceaux de granit qui ſervent de noyau à ces promontoires. J'y ai même reconnu de l'agathe, du jaſpe fleuri & quelques morceaux de jaſpe noir. Pour m'aſſurer que cet exemple n'étoit point unique, je me ſuis éloigné du chemin, & j'ai ſuivi les montagnes pendant deux lieues, juſqu'au village de *Sutz* ; j'ai trouvé par-tout les mêmes choſes. Les hautes montagnes qui ſont derriere ces premieres, ſont compoſées de granit, & quelquefois recouvertes de ſable. On peut donc conclure, d'après ces obſervations, que toutes les baſſes montagnes du côté de l'*Alſace* ſe reſſemblent preſque entiérement, c'eſt-à-dire dans la partie graniteuſe, car dans la partie purement ſableuſe, les choſes ſont un peu différentes, comme nous l'avons vu.

La vallée de *Thann* eſt la ſeule remarquable depuis celle de *Munſter* ; c'eſt auſſi la premiere qui ſoit arroſée d'un ruiſſeau conſidérable ; les autres ne ſont, à proprement parler, que des coupures très-étroites & tortueuſes, qu'à peine on apperçoit de loin.

De *Cernay* , je me ſuis abſolument éloigné des *Vóges*, & j'ai encore fait environ deux lieues & demie juſqu'au village de *Soppe*. Je n'ai rien rencontré juſques-là de remarquable. Le terrein eſt, au commencement, rempli de gros cailloux. Tous les environs de ce Village qui eſt aſſez enfoncé, ſont marneux. A la droite du chemin, un petit monticule ou plutôt la coupe du terrein eſt remplie de pierres marneuſes médiocrement dures, en couches paralleles & horizontales ; les autres monticules voiſins ſont compoſés de même ; quelques pouces de bonne terre couvrent ces pierres ; mais ce qu'il y a ſans doute de très-extraordinaire, c'eſt une grande quantité de cailloux de granit la plupart très - gros & qui ſont épars au milieu des champs, & ſurtout en plus grande abondance ſur les terreins les plus élevés. Comment ces morceaux de granit dont les angles ſont peu uſés, ont-ils pu être tranſportés dans les

environs de ce Village fort éloigné des montagnes
à granit ?

Terre marneuse. En général tout le terrein eſt marneux , il continue de l'être juſques près de *Belfort* , où des alluvions de ſable le rendent fort maigre , & même
ſtérile en quelques endroits.

En avançant davantage vers *Belfort* , on ſe rap-
proche des montagnes , & l'on entre bientôt dans le
Pays calcaire. Ce Pays s'étend juſqu'au pied des mon-
Terre calcaire. tagnes à pierre de ſable , qui , de ce côté , bordent
les *Vóges* encore mieux que partout ailleurs , car
on en voit ſouvent juſqu'à quatre , les unes derriere
les autres.

Près du village de *St. Germain* , il y a une carriere fort conſidérable de cette pierre , elle eſt à peu
Carriere de pierre de ſable. près rouge , en couches aſſez épaiſſes , & remarquable ſur-tout par l'étendue & la ſolidité de ſes bancs.

CARTE SIXIÉME.

DEPUIS BELFORT JUSQU'A CORNIMONT.

JE n'ai pas tardé à voir les mines de fer qui
produifent le meilleur de toute la France. Elles
font à une lieue & demie de *Belfort* , de chaque
côté du chemin. J'ai examiné celles qui en font
les plus voifines. Ces mines font en grains plus ou
moins gros, les uns ont jufqu'à quatre ou cinq lignes
de diametre ; d'autres n'ont pas plus d'une demi-
ligne; ces grains, prefque ronds, font dans une efpece de roche calcaire très-dure & d'un grain ex-
trémement fin. Cette pierre eft fort fufceptible de
recevoir un très-beau poli, fa couleur eft grife,
blanchâtre, femblable à celle de la corne ; c'eft en
général un mauvais marbre, par rapport au peu de
continuité de fes parties, mais c'eft une des meilleu-
res pierres à chaux qu'on connoiffe.

Ce qu'il y a encore ici de remarquable, c'eft que
la mine de fer ne fe voit pas feulement dans cette
pierre, mais auffi dans un banc d'un chite gris très-
friable , qui fe trouve à foixante ou quatre - vingt

pieds au-deſſous de ces roches de pierre calcaire ; & ce qui n'eſt pas moins digne d'attention, c'eſt que cette mine eſt beaucoup plus légére que celle dont je viens de parler, & qu'elle participe infiniment de la matiere dans laquelle elle ſe trouve. On en retire à peine la moitié du fer que produit celle qui eſt dans la roche calcaire ; mais auſſi on eſt dédommagé du peu de richeſſe par l'abondance de la matiere. On dégage la mine des parties étrangeres par un ſimple lavage, pour la rendre propre à être fondue.

Dendrites. Il ſe rencontre ſouvent des dendrites ſur ces roches calcaires, que coupent aſſez fréquemment des veines de ſpath calcaire qui n'eſt pas très-blanc : il s'en trouve de criſtalliſé en dents de cochons & triangulairement.

Spath calcaire.

Après ce que j'ai dit de la ville de *Belfort* & de ſes environs, il eſt évident que le terrein de ce Pays eſt entiérement calcaire. La Ville eſt ſituée au bas d'une côte formée des plus grands & des plus beaux bancs de pierres calcaires, remplies de coquilles.

Bancs de pierres calcaires remplies de coquilles.

A un quart de lieue avant d'y arriver, le chemin paſſe entre deux montagnes très-rapides en quelques

ques endroits, & qui ont environ cent pieds de hauteur. Une des plus remarquables à la droite du chemin, eſt celle que l'on appelle *le Bromont*; elle eſt couverte d'arbres juſques près du ſommet qui eſt garni de rochers calcaires, très-larges, horizontaux & paralleles. Les autres montagnes qui ſont à la gauche ne ſont, à proprement parler, que la coupe du terrein formée par les eaux; ce qui prouve qu'autrefois une riviere a traverſé cette vallée. On peut croire que c'eſt la même qui paſſe maintenant au bas de *Belfort.*

Ces montagnes ſont preſque auſſi élevées que celles qui ſont à la droite, les rochers calcaires y ſont abſolument les mêmes, toujours en couches très-régulieres; cette eſpece de pierre très-compacte & fort ſuſceptible de prendre un beau poli, eſt d'un gris bleu & fort remplie de coquillages marins. Le Château fortifié eſt auſſi conſtruit ſur des roches calcaires, qui ont trente ou quarante pieds d'élévation du côté de la ville. J'ai fait le tour de la montagne qui eſt au ſud-oueſt de *Belfort*, & ſur laquelle il eſt placé; j'ai trouvé beaucoup de carrieres en exploitation; la pierre eſt en couches aſſez épaiſſes & ſouvent horizontales comme celles des rochers.

G

Je n'avois pas encore vu , depuis le commencement de mon voyage, autant de coquilles & de corps
marins que fur cette partie de montagne ; par-tout
les pierres font remplies d'oholites , de cames ; j'ai
même obfervé des fufeaux parfaitement confervés &
de petits poiffons , ainfi que des infectes entiers &
qui avoient encore leurs antennes. Les couches des
pierres calcaires font quelquefois très - inclinées du
côté du midi, & quelquefois un peu brifées du côté
de l'orient. Vers le bas de la montagne les rochers dif-
paroiffent pour quelques inftants ; mais en continuant
de faire le tour de la Ville , j'en ai trouvé d'énormes
à l'oueft, qui fervent de fondement à un ouvrage de
fortification ifolé ; ces rochers font comme ceux dont
je viens de parler , très-inclinés au midi ; les bancs
font prefque paralleles ; on en compte huit bien féparés ; ils font extrêmement épais , plufieurs ont jufqu'à neuf pieds de largeur, les autres en ont quatre
à cinq.

En fortant de *Belfort* pour aller à *Champagney*, j'ai
voyagé encore pendant une lieue & demie dans le Pays
calcaire ; parmi les pierres dont le chemin eft compofé,
j'ai examiné fouvent des fragmens très-confidérables
de cornes d'ammon ; j'en ai vu d'entieres qui ont plus

d'un pied de diametre, & quelques morceaux qui ont appartenu à de bien plus grandes encore.

A une lieue & demie de la Ville, on trouve à gauche du chemin un étang affez vaste ; c'eft dans ces environs que j'ai rencontré quelques pierres mar-neufes ; le terrein l'eft auffi. Cette marne eft le ré-fultat de la mixtion de la matiere calcaire & du bol qui commence très-près de cet endroit ; de forte qu'en féparant le Pays bollaire du Pays calcaire, le terrein intermédiaire participe en quelque façon de la nature de l'un & de l'autre ; il devient rougeâtre & quelques fois verdâtre ; les champs font ondulés comme ceux de *Viltenheim* ; cette terre bollaire eft très-féche, & plus on approche du village de *Magny*, plus elle devient fableufe & rouge.

Avant d'entrer dans ce Village, on defcend une petite montagne de pierre de fable rouge, dont les couches font extrêmement minces, & paralleles. Au pied de cette montagne qui eft peu élevée, coule d'occident en orient, la riviere de *Rahim*. J'ai remarqué à la rive gauche de très-gros rochers de fable fans gallets. Ces rochers font blanchâtres par le bas, & dans les endroits qui font mouillés fouvent. Cela vient, comme j'ai déja eu occafion de le dire, du

Pierres &
terres mar-
neufes.

Terre
bollaire
très-féche.

Roches
de fable
rouge fans
gallets.

G ij

lavage qui entraîne les parties ferrugineuſes coloran-
tes. Ces rochers ſont très-gros, briſés & point en
couches, ils ſont auſſi fort inclinés.

Le village de *Magny* eſt dans le vallon de *Champagney* qui eſt formé par de petites montagnes. Ce
vallon eſt d'un aſpect triſte; il eſt large d'une demi-
lieue dans pluſieurs endroits. Les champs ne préſentent pas l'image de la richeſſe & de la fertilité de
ceux d'*Alſace*. Les côteaux ne ſont couverts que de
bois & diſpoſés d'une maniere peu agréable à la vue.
En général, le Payſage n'offre rien de pittoreſque ;
déſert, ſans être ſauvage, rien n'y charme l'ennui de
la route, parce que rien n'y interrompt l'uniformité
du ſpectacle.

Champagney eſt à l'occident de ce premier Village ; il eſt arroſé par la même riviere de *Rahaim*.
Le chemin qui conduit de l'un à l'autre eſt très-
pierreux ; il eſt conſtruit de cailloux de granit. Les
fameuſes mines de charbon ſont à une demi-lieue
au nord de *Champagney*, au milieu des bois.

La premiere gallerie dans laquelle je ſuis entré ,
eſt à la droite du chemin ; elle eſt creuſée de neuf
cent pieds dans l'intérieur de la montagne , qui ,
quoique aſſez peu élevée, l'eſt cependant d'avantage

que les voifines : elle eft formée, comme les montagnes à houille le font ordinairement, de chite à
peu près grifâtre & affez dur ; & fur fon fommet qui
eft couvert de bois, il fe trouve quelques pierres
de fable. La grande couche de charbon de terre qui
s'étend dans cette montagne, eft inclinée de vingt
dégrés au levant, épaiffe de fept à huit pieds &
enfoncée de quinze toifes dans l'intérieur. On n'en
rencontre point plus près de la fuperficie. Ce charbon eft un des meilleurs de toute la France ; en général, le plus eftimé pour le fervice des forges eft
celui qui vient du voifinage des Pays de premiere
formation, comme l'eft celui-ci.

Cette grande couche de huit pieds dépaiffeur eft
coupée dans toute fa longueur à environ trois pieds
au-deffus du plancher, par une efpece de lame de
chite de huit à dix pouces ; j'ai remarqué, comme
une particularité très-extraordinaire, que cette lame
de chite bleuâtre conferve toujours la même diftance
du fol & du plancher, quoique le filon s'abaiffe infiniment dans la colline, en gardant cependant fon
inclinaifon au levant.

Ce filon eft coupé fouvent lui-même en différens
fens par d'autres lits ou nerfs de chite remplis de

G iij

pirite jaune martiale. Ces lits font affez communs ,
ils font plus ou moins larges & ne fuivent aucune
route déterminée. Celui dont j'ai parlé eft le feul
qui fe prolonge réguliérement du nord au midi & qui
refte conftamment dans la même direction ; quelquefois cependant il s'étend en tous fens & il finit enfin
par couper entiérement la couche de charbon dans
une efpace de douze à quinze toifes, après lequel
celle - ci fe trouve abfolument la même qu'aupara-
vant.

On a fait dans cette montagne de grandes excava-
vations de part & d'autre ; mais on n'a rien étayé en
bois ; & c'eft une des plus grandes dépenfes des mines qu'on a épargné. La mine de bonne qualité eft
fi abondante , & cette couche eft fi riche, qu'on
s'eft contenté de laiffer des efpeces de gros pilliers de charbon de quatre à cinq pieds de diametre , qui difpofés à peu près à une toife l'un de l'autre ,
foutiennent le toit de la mine qui d'ailleurs eft naturellement très-folide.

C'eft tout ce que le Naturalifte voit dans cet ar-
rangement d'induftrie & d'économie. Il préfenteroit
d'autres objets à l'œil du Poëte. Contemplant avec
terreur cette vafte enceinte tapiffée de deuil , ces

voûtes fouterraines portées fur des colonnes noires
informes & efpacées fans ordre, fon imagination ne
verroit dans cette architecture irréguliere & lugubre,
qu'un monument confacré à quelque divinité funebre.

Après avoir bien examiné ces grandes excavations,
je fuis entré dans l'ouverture d'une autre montagne
voifine ou plutôt d'un monticule traverfé par une
gallerie d'un bout à l'autre ; je fuis enfuite monté fur
fon fommet & je n'y ai point rencontré de pierres
fableufes, même fur la partie la plus élevée qui eft
couverte d'arbres, mais feulement du chite articulé   Chite
très-dur
articulé.
qui conftitue toute fa compofition. Il eft d'autant plus
dur, à ce que j'ai cru remarquer, qu'il eft plus éloigné des couches de charbon.

La couche qui eft dans cette derniere montagne,
n'a que quatre pieds d'épaiffeur ; inclinée au midi,
elle n'eft divifée ni coupée par aucune lame de chite ;
il s'y trouve moins de pirite que dans l'autre ; cette
mine eft appellée mine de *Ronchamp*, parce qu'elle
eft fur le territoire de ce Village.

Il y en a encore une fur celui de *Champagney*,
vis-à-vis de cette derniere. La couche de charbon
eft inclinée comme la précédente au midi, & beaucoup plus épaiffe, puifqu'elle a environ fept pieds,

Elle n'eſt traverſée dans ſon milieu par aucune lame de chite, mais ſeulement par quelques nerfs remplis de pirites; auſſi fournit-elle une grande quantité de vitriol verd dans tous les environs de ſes galleries , & par-tout où ces mêmes pirites ont été aſſez long-temps expoſées à l'air libre pour avoir eu le temps de s'y décompoſer.

Pirites. Vitriol verd.

On y faiſoit autrefois de l'alun que ces chites fourniſſent très-abondamment ; mais il étoit trop mêlé avec le vitriol qui empéchoit ſouvent la purification parfaite ; c'eſt ce qui fait qu'on a abandonné cette branche de commerce ; le vitriol effleuri ſur ces chites eſt diſſous par les eaux, & il ſe perd, tandis qu'on pourroit l'employer ſi avantageuſement & à tant d'uſages.

Parti de *Champagney* pour *Giromagny* , j'ai remonté le long de la vallée, de l'occident à l'orient ; le chemin eſt encore très-pierreux, ce ne ſont que des cailloux de granit, ou des fragmens de toutes ſortes de pierres.

Cailloux de granit.

Les montagnes à gauche de ce chemin ſont aſſez peu élevées ; elles ſont compoſées comme celles des mines de charbon, d'un granit chiteux , fort dur ; tandis que les montagnes à droite, ou au-delà de la

Granit chiteux à fins grains.

vallée font fablonneufes & bollaires, comme l'eft tout le Pays de ce côté. *[Pierre fablo..eufe melée de bol.]*

Cette vallée divife donc le Pays en deux parties fort différentes, l'une fableufe & l'autre primitive.

Cependant parvenu au village nommé *Plancher le Bas*, j'ai vu que tout le fol eft formé d'ardoifes pures, parmi lefqu'elles j'en ai trouvé de rouges & de verdâtres. *[Ardoifes pures, rouges & vertes.]*

En avançant vers le village d'*Auxelles*, cette efpece fe perd infenfiblement; fa qualité graniteufe fe fait voir de plus en plus; & cette efpece d'ardoife change de nature; elle s'amincit infiniment, de maniere que fur la montagne qui touche ce dernier Village, je n'ai pas vu de couches plus épaiffes que d'un demi-pouce; prefque par-tout elles font horizontales & paralleles, rarement perpendiculaires; la couleur eft prefque toujours violette plus ou moins, & mêlée de gris. *[Efpece de roche graniteufe en couches minces.]*

Le village d'*Auxelles* qui eft au pied de cette montagne eft traverfé du nord-oueft au fud-eft, par une petite riviere qui fe réunit à la *Savoureufe*, & qui charie une grande quantité de cailloux de granit tombés & entraînés par les eaux des montagnes voifines. Ce Village eft dans une fituation affez trifte, *[Cailloux de granit roulé.]*

enfoncée & placée au pied de très-hautes montagnes qui font au nord. J'ai trouvé près de leurs fommets beaucoup de maffes de granit roulées & tombées des promontoires plus élevés. J'y ai vu auffi beaucoup de maffes de fable rouge ; & ces maffes m'ont paru d'autant plus abondantes que j'avançois davantage vers *Giromagny* ; toute cette partie de montagnes m'a femblé formée de blocs ainfi entaffés les uns fur les autres avec le fable.

J'ai fait environ une demi-lieue, fans rien obferver de différent ; enfin près de *Giromagny*, au commencement de la defcente, j'ai apperçu à la gauche du chemin, une carriere de pierres de fable creufée dans la montagne au-deffous du niveau de la chauffée. Ses bancs qui font horizontaux font vifiblement la bafe de cette montagne fur laquelle fe font accumulées toutes les roches roulées. Cette pierre eft en couches très-épaiffes & très-longues. Elle eft d'un grain fin & ferré. Sa couleur eft rofe, veinée de blanc & de bleu, ce qui la fait un peu reffembler au marbre. C'eft la feule fois que j'en ai remarqué d'auffi bien colorée & où les nuances foient fi diftinctes. En l'examinant avec attention, j'ai reconnu qu'elle eft un peu argilleufe, ce qui ne m'a point étonné, puif-

que les montagnes voifines font chiteufes & conféquemment argilleufes.

D'après ce que je viens de dire, on comprendra
aifément que ces bancs de pierre de fable doivent
s'étendre fort au loin dans la montagne dont l'intérieur même, jufqu'à une certaine hauteur, pourroit
bien en être compofé.

Je fuis enfin arrivé au bourg de *Giromagny* fi connu
par fes beaux granits, & encore plus par une des plus
grandes & des plus anciennes exploitations de mines
de la France.

Le bourg eft dans une vallée affez agréable, arrofée par la *Savoureufe*; cette vallée eft dirigée à
peu près de l'eft à l'oueft; les montagnes qui la
forment font très-élevées; quoique couvertes de
bois, elles font cependant remplies de veines &
de filons métalliques; ce qui prouve, comme je l'ai
déja dit, que les montagnes qui renferment des mé-
taux dans leur fein, peuvent être ombragées & pro-
duire des arbres de toute efpece. Obfervation bien
contraire à l'opinion de quelques Auteurs, entr'autres de *Lehmann*, qui a prétendu que les vapeurs
qui s'élevent des montagnes à mines, brûlent les ar-

bres, & que par cette raiſon elles ſont nues & pelées, & ne produiſent aucune plante.

Les montagnes qui ſont autour de *Giromagny* ont une même conformation. Leur intérieur eſt compoſé de à granit ou roche à filons; tandis que ſur la hauteur, & en général par-tout à l'extérieur. On voit des maſſes de granit de la plus grande beauté & variées à l'infini.

Roche filon.

Maſſes de granit.

Je ſuis allé ſur la montagne de *St. Pierre* au nord du Bourg. J'ai vu l'ouverture de la gallerie du même nom qui va d'occident en orient, ainſi que pluſieurs autres qui ſont abandonnées depuis longtemps.

Mines d'argent, de cuivre.

Ces filons fourniſſent de l'argent & du cuivre; j'en ai encore trouvé dans les halles de beaux morceaux, ainſi que du quartz vitreux, & des ſpaths de pluſieurs eſpeces.

Quartz vitreux. Spath.

J'ai viſité enſuite les anciennes galleries de la montagne de *St. Daniel*, au nord-oueſt de *Giromagny* & plus éloignée que celle de *St. Pierre*. La montagne eſt très-haute & très-étendue de tous côtés. Le premier promontoire appellé *Fainitorne* eſt dépouillé de terre. J'en ai examiné le granit; c'eſt une véritable roche à filon.

Le filon qui ſe dirige du midi au nord, fourniſſoit abondamment dans la plus grande profondeur où l'on a pu parvenir, de cette efpece de mine connue des Minéralogiftes fous le nom de mine d'argent grife ; elle donne toujours plus de cuivre que d'argent, mais celle-ci étoit fort riche, puifqu'on en tiroit de trois à huit marcs d'argent au quintal.

On voit encore la gallerie de cette fameufe mine qui eft ouverte; il y avoit deux autres filons dans cette grande montagne de *St. Daniel* qui fourniffoient principalement de la mine de plomb avec du fpath fufible.

On rencontre encore au bas de cette montagne qui eft toute couverte de halles, beaucoup de minerais & différens morceaux ou quartzeux ou de fpath.

C'eft fur fa hauteur que l'on trouve les plus belles maffes de granit. J'en ai mefuré une qui a dix pieds de large fur douze de hauteur. La variété de la couleur de ces granits eft une chofe auffi agréable que finguliere. J'en ai vu de couleur de rofe avec des taches vertes, de noir à mouches blanches, de vert à points blancs, de gris à petits grains blancs & rouges, de brun filonné de vert; enfin toutes ces efpeces différentes s'y rencontrent, & l'on ne conçoit pas la raifon pour laquelle ces granits font tous fi variés fur cette montagne & dans les voifines ; je

penſe que ces maſſes énormes doivent être confidé-
rées comme de grands criſtaux formés au lieu où on
les trouve; auſſi font-ils pourvus de tous leurs angles
& pluſieurs ont des figures régulieres. En confidérant
la compofition générale de ces montagnes, on remarque donc que toutes ſe reſſemblent en ce qu'elles
ſont formées par des maſſes entaſſées les unes ſur les
autres extérieurement, tandis que leur intérieur eſt
formé d'une roche continue & chiteuſe où ſe trouvent les filons.

La vallée de *Giromagny* ſe prolonge du côté de
l'oueſt juſqu'au *Ballon*. Depuis ce bourg on monte
continuellement, de maniere qu'au ſommet de la
montagne, on eſt élevé au deſſus de *Giromagny* de
ſept à huit cent toiſes perpendiculaires au moins. Le
chemin qui y conduit, eſt un ouvrage digne des
Romains. L'Ingénieur qui l'a conſtruit, a eu le
talent de le faire circuler avec tant d'intelligence
que la pente eſt auſſi douce qu'il ſoit poſſible
& qu'on s'apperçoit à peine qu'on s'éleve. Cette
route eſt ſouvent taillée dans le granit, & cependant elle eſt parfaitement unie & on ne peut
mieux entretenue. Rien n'eſt auſſi plus agréable &
plus varié que les objets qu'on rencontre depuis

Giromagny jufqu'au pied du *Ballon*, & rien de plus impofant que l'afpect de ces grouppes de montagnes dont le fommet applâti, s'appelle proprement le *Ballon*.

D'abord on côtoye pendant environ une lieue & demie les montagnes qui font à gauche de la vallée dont le fond eft tapiffé de prairies vertes & unies, traverfées par des ruiffeaux d'une eau vive, & affez limpide pour laiffer diftinguer les petits cailloux qu'ils charient. Ces ruiffeaux fe réuniffent, puis fe divifent de nouveau & forment de petites ifles de diftance en diftance. De part & d'autre font des rochers que la nature a pris foin de tailler de la maniere la plus pittorefque. Ça & là on voit des blocs de granit difperfés, roulés ou tombés du haut des montagnes. D'autres paroiffent être fufpendus & arrêtés par des branches ou de petits arbriffaux qui croiffent fur la pointe de ces roches prefque nues ; inclinés & baiffés au deffus de la vallée, ils ombragent la prairie & bornent l'horizon par l'afpect le plus frais, & le plus doux, tandis que le fapin éleve fa tête majeftueufe & fes ramaux toujours verts fur le fommet de ces hautes montagnes.

J'ai examiné à une lieue de *Giromagny*, très-près

Veine de quartz.

de la chauffée, une veine de quartz, large à peu près de fix pieds, haute de douze ; elle eft inclinée à l'occident. Ce quartz eft parfaitement blanc aux deux extrémités ; mais le milieu eft coupé par une couche particuliere de pierre verte, très-friable,

Efpece de pierre ollaire.

reffemblant beaucoup à la pierre ollaire. Le quartz qui la touche des deux côtés eft rougeâtre, c'eft-à-dire veiné de rouge, il eft vert auffi d'efpace en efpace & abfolument vert de cuivre, ce qui m'a porté à croire que ce filon fourniffoit de ce métal. J'ai appris en effet que dans l'efpérance d'en trouver, on avoit fouillé le terrein, après que les travaux du chemin l'eurent mis à découvert ; mais malheureufement ce filon eft comme tant d'autres qui donnent des marques ftériles de mines, dont les apparences trompent ceux qui n'ont que des demi-connoiffances en minéralogie, & ne leur font faire que trop fouvent des dépenfes en pure perte.

Au milieu des petites habitations qui ajoutent à la diverfité des objets qu'on rencontre de toutes parts, on voit auffi de diftances à autres, des cafcades qui tombent précipitamment du haut des montagnes, roulent leurs eaux dans des ravins profonds creufés dans le roc, & dégagent le granit de la terre qui le couvroit.

vroit. Ces eaux se réunissent toutes au ruisseau qui coule dans la vallée.

Je suis enfin arrivé sur le *Ballon*, proprement dit, & j'ai suivi cette superbe route dont toutes les circonvolutions passent dans le bois qui couvre toute la montagne jusqu'au sommet; je n'ai rien remarqué de nouveau, toujours des rochers de granit à filons & quelquefois chiteux & des masses de granit détachées & éparses.

Le *Ballon* à deux sommets comme le *Donnon ;* Le plateau qui est entre les deux est assez étendu, il n'est couvert que de gazon & semé de quelques petits arbres foibles & languissants que le froid empêche de croître & de se multiplier.

Je ne pus jouir de l'agrément de la vue, parce que le ciel étoit fort nébuleux, ni découvrir du plateau de cette montagne, toute la plaine d'*Alsace*, au dessus de laquelle il est élevé de huit à neuf cent toises.

Descendu du côté de *St. Maurice*, village de *Lorraine*, que cette montagne domine d'environ six cent toises, je n'ai vu d'abord que du granit gris & très-rarement chiteux ; mais après un demi quart de

Granit gris.

H

lieue, je n'ai plus trouvé que des maffes de granit roulées, dont la montagne eft couverte. Vers le milieu de la defcente, après avoir traverfé un bois de fapins très - vieux, j'ai retrouvé, en en fortant, les mêmes rochers chiteux que j'avois dejà obfervés fur la montagne.

Rochers chiteux.

Enfin, après une route de deux heures, & toujours en defcendant, je fuis arrivé à *St. Maurice* ; c'eft là où fe dirige la vallée de *Remiremont*, à la fuite de laquelle, après avoir paffé les hauteurs qui font audeffus de *Buffang*, fe trouve le commencement de la vallée de *Thann*, qui finit auprès de *Cernay*, à fept lieues de *Colmar*.

St. Maurice eft dans un vallon, qui n'offre rien de remarquable ; la *Mozelle*, qui prend fa fource à peu de diftance, le traverfe d'occident en orient. Les montagnes qui le forment font peu fertiles. Elles font compofées de maffes de granit détachées. De gros blocs épars à leur furface en gênent la culture ; leurs fommets font pour la plupart couverts de forêts, quelques-uns font entiérement nuds.

Maffes de Granit roulé.

De *St. Maurice* à *Freffe*, qui en eft à une demi-lieue ou environ, les montagnes font compofées par le bas de rochers articulés, graniteux & chiteux ; la

Rochers articulés graniteux & chiteux.

partie supérieure est toute couverte de granits entassés. C'est-là seulement où j'ai quitté la *Mozelle*, & je suis passé à côté de la grande montagne du *Tillot*, où l'on exploitoit autrefois des mines de cuivre qu'on a abandonnées depuis quelque tems; j'ai vu les halles qui subsistent encore.

CARTE SEPTIÉME.

DEPUIS CORNIMONT JUSQU'A BRUYERES.

J'AI laissé *Buffang* à ma droite & je suis entré bientôt après dans la vallée de *Cornimont* qui va du nord au midi; elle est encore plus sauvage que la précédente. Sur des montagnes très-escarpées, à travers les blocs de granit accumulés sur leur surface, on distingue à peine quelques intervals couverts d'une herbe courte & menue, qui sert de pature au bétail, seule richesse des habitans de ces tristes contrées.

La nature semble les avoir condamnées à une éternelle stérilité. Le sapin même qui paroit se plaire au milieu des rochers les plus horribles, refuse d'ombrager ces montagnes. Les eaux qui coulent dans le fond des vallées roulent avec grand bruit à travers

des pierres énormes, qui étant amoncelées les laiſſent échapper difficilement & forment des eſpeces
de digues qui s'oppoſent à leur paſſage.

L'obſervateur calcule avec étonnement & le degré
d'effort que les eaux employent à vaincre ces réſiſ-
tances, & la durée des ſiecles depuis leſquels ces
frottemens agiſſent, quand il conſidere ces maſſes
dures, dont tous les angles ſont uſés & dont la
forme naturellement irréguliere ſe trouve preſque
arrondie.

De la vallée de *Cornimont*, je ſuis paſſé par la
vallée de *la Breſſe*, qui eſt plus au couchant &
beaucoup plus profonde, car les montagnes ſont
encore plus élevées; leur aſpect eſt abſolument le
même, auſſi ſauvage, auſſi ſtérile. Un canal aſſez conſidérable venant du lac de *Liſpack*, & qui va ſe réunir à la *Mozelle* à *Remiremont*, coule dans cette vallée
& paſſe au village de *la Breſſe*, ſitué au pied d'une
énorme montagne preſqu'à pic, qu'il faut traver-
ſer pour parvenir à *Gérardmer;* j'ai apperçu au milieu
du village de *la Breſſe* de la pierre de ſable rougeâtre, dure & ſans aucuns gallets. On m'a dit
qu'elle ſe trouve à peu près à une lieue ſur une
montagne nommée *le haut de Presle*, & qu'on s'en

fert pour bâtir. Il eſt ſans doute bien extraordinaire que dans un pays abſolument de granit, il ſe trouve une ſeule montagne de pierre ſableuſe ; & ce qu'il y a de plus remarquable encore, c'eſt que ces bancs ne ſont pas remplis de gallets, comme ils le ſont naturellement ailleurs.

Envain on voudroit expliquer ces ſingularités de la nature ; toujours admirable dans ſes ouvrages, elle l'eſt encore dans ſes écarts. Combien ne nous offre-t-elle pas d'autres phénomenes que nous ne pouvons comprendre !

Après avoir examiné les différentes eſpeces de granit que j'ai trouvées au bas de la montagne de *la Breſſe* & qui ne conſiſtent qu'en quelques variétés de gris ou de parties plus ou moins grandes de quartz blanc, je ſuis monté à grande peine ſur les points les plus élevés qui ſont exceſſivement difficiles à gravir. Tout le ſommet abſolument découvert comme le reſte, préſente des roches pelées & arides, à travers deſquelles cependant on voit quelques arbriſſaux à demi déſſéchés, ſans fraîcheur & ſans vie.

Tous ces rochers ſont articulés & d'une couleur

grife foncée; ils font fort élevés; au deffus & tout autour, il y a quantité de pierres de différentes groffeurs, de maniere qu'à quelques pas on croit voir des ruines & des débris de murailles écroulées; ce ne font cependant que des fragmens de granit, réfultat de quelques corps de petites montagnes dépouillées de la terre qui les couvroit.

Defcendu un peu au deffous du fommet, je fuis entré dans le bois où il eft impoffible de fuivre aucun chemin direct; on eft forcé de fe détourner à chaque inftant à caufe de la groffeur des maffes qui croifent la route & font obftacle au paffage. Plus on approche du pied de la montagne, plus le granit devient commun; il n'y a plus de bois fur les derniers Promontoires; & on n'apperçoit pas même d'herbe dans plufieurs endroits.

Je fuis enfin parvenu à *Gérardmer*; c'eft un grand village au pied de la montagne de *la Breffe*, dans un vallon très-pittorefque, dirigé du fud-oueft au nord-eft, qui peut avoir à peu près une demi-lieue de largeur dans la partie où eft fitué le village. Une belle prairie traverfée par de petits ruiffeaux dont plufieurs viennent du lac de *Gérardmer*, tapiffe le fond de la vallée. Cette plaine & les côteaux qui l'entourent font remplis de maſſes de granit gris ; ils annoncent que toutes les montagnes dont elles ont été détachées, comme celles de la vallée de *la Breſſe*, font formées de maſſes entaſſées les unes ſur les autres, qui, minées inſenſiblement par les eaux & dégagées des terres & des ſables qui les lioient entr'elles ſe ſont éboulées, comme nous avons dejà eu occaſion de le remarquer.

La vallée de *Gérardmer* eſt terminée du côté du ſud-oueſt, par le fameux lac qui porte ſon nom & qui occupe tout l'interval des deux chaînes de montagnes, de maniere qu'il reſte à peine aſſez d'eſpace à l'un de ſes côtés pour la largeur du chemin.

Ce lac à peu près de forme ovale, a environ une demi-lieue de longueur & un quart de lieue de largeur ; on m'a aſſuré qu'il avoit dans certains endroits juſqu'à quinze cent pieds de profondeur ; il n'eſt éloigné du village que d'un demi-quart de lieue : ſa courbure eſt du côté du nord ; un ruiſſeau aſſez conſidérable en ſort du côté de l'eſt, coule dans la vallée & va ſe réunir à la *Vologne*. Beaucoup de petites ſources viennent ſe réunir au lac, de pluſieurs endroits ; mais les eaux n'en ſeroient pas aſſez abon-

dantes pour fournir de quoi remplacer à la fois &
celles qui s'écoulent par le ruiffeau qui fe rend dans
la *Vologne*, & celles qui fe perdroient dans les
cavités du fond même du lac; celui-ci nous fournit
donc une nouvelle raifon de nous affermir dans notre
opinion fur la formation de ces grands amas d'eaux,
qui font fort communs dans cette partie des *Vôges*;
nous répétons que la quantité de maffes de granit,
jointe à la multitude des fources qui fe trouvent à
Gérardmer de même qu'à *Pairis*, prouvent, comme
je l'ai dit, que ce font ces maffes accumulées au
bas des montagnes, qui y ont retenu les eaux, & que
leurs cavités fe font comblées & remplies par les
graviers & les fables qui s'en détachent. Cette con-
jeĉture paroît d'autant mieux fondée qu'il n'y a point
de lacs dans les autres montages dès *Vôges* qui font
compofées de pierres de fable, ni dans celles de roches
à filons, quoique les eaux y foient auffi abondan-
dantes & les montagnes auffi élevées.

Le lac de *Longemer* eft au nord-eft de *Gérardmer*,
au fond d'une petite vallée dont les montagnes font
couvertes d'arbres touffus jufqu'au fommet. Il eft
moins long & moins large que celui de *Gérardmer*.
De grands fapins l'environnent par-tout, excepté

Lac de Longemer.

du côté par où l'on arrive du village. Ici ce lac forme un demi-cercle concave. Sur fa rive couverte d'épais coudriers, eft bâti un petit hermitage dont plufieurs beaux tilleuls ombragent l'entrée. Si aux yeux féveres de la morale, cette recherche d'agrément paroît contrafter avec fa deftination, elle préfente aux yeux du naturalifte une obfervation utile, c'eft que la vigueur & la beauté de cette plantation prouvent que le fol feroit propre à plus d'un genre de culture, & que ce terrein n'eft pas auffi froid qu'on pourroit le croire. Rien n'eft plus champêtre & plus attrayant que cette paifible folitude. Là on n'apperçoit plus ces rochers affreux, qui, à quelque diftance, préfentoient le fpectacle effrayant de la nature inanimée. On ne voit par-tout que des fapins dont la cîme fe perd dans les nues, & dont l'éternelle verdure répétée dans les eaux limpides du lac, y prend une teinte plus douce & plus amie de la vue.

En revenant au village, je fuis paffé près d'un ruiffeau qui fort du lac & fe rend auffi dans la *Vologne;* fes eaux qui fe font ouvert un lit à travers des rochers, en tombent avec rapidité, & fe brifent avec fracas contre leurs anfractuofités difpofées, comme la plupart des montagnes, à angles rentrans. Ce petit torrent s'appelle dans le Pays *le faut des Cuves*. Je l'ai fuivi jufqu'au point où il fe réunit à celui qui defcend du lac de *Gérardmer*.

J'ai cotoyé auffi depuis *Gérardmer*, ce bras de la *Vologne*, dont la fource voifine eft groffie par les ruiffeaux fortant des deux lacs jufqu'à *Laveline*, à une demi-lieue de *Bruyeres*, où il fe joint à la grande branche de cette riviere qui prend fa fource près du village de *Gerbépal*, & qui eft fi connue par fes coquilles à perles.

La petite branche qui prend fa fource près de *Gérardmer*, arrofe la vallée délicieufe qui s'étend, pendant l'efpace de trois lieues, depuis ce village dans la direction du fud - eft au nord-oueft. Elle eft fi refferrée que toute fa largeur eft occupée par le lit de la riviere, & par le chemin qui eft à droite de fon cours : c'eft la plus étroite & peut-être la plus profonde des *Vóges*. Elle court fur une même ligne droite depuis *Gérardmer* jufqu'à cette autre vallée très-large par laquelle je fuis paffé pour arriver à *Bruyeres*.

Les montagnes qui forment cette gorge font prefque égales en hauteur. Elles font couvertes depuis

le pied jufqu'au deffus du fommet, de fapins très-
épais & très-gros, & femées de part & d'autre d'une
grande quantité de maffes énormes de granit accumulées les unes fur les autres, mais moins nom-
breufes fur la chaîne oppofée qui fe trouve auffi plus
haute & plus efcarpée.

Après avoir fait une lieue depuis *Gérardmer*, je
fuis arrivé à un endroit où l'on m'avoit affuré qu'on
trouvoit de la glace dans les mois de Juin, de Juillet
& d'Août; phénomene dont j'étois d'autant plus empreffé d'être témoin, qu'on m'avoit ajouté que plus
la chaleur de l'été étoit ardente, plus cette glace
étoit abondante, & qu'au contraire vers l'arriere
faifon & aux approches de l'hyver, elle fe fondoit
& qu'on n'en trouvoit plus pendant les froids les
plus rigoureux de l'année. J'ai vu cette glaciere le
28 Juillet, jour auquel la chaleur étoit exceffive,
& j'ai pris moi-même un morceau de glace entre
deux rochers. Quelque fingulier que paroiffe ce
phenomêne, il femble affez conforme aux loix de
la phyfique, lorfque l'on examine & l'endroit où
fe trouve cette glace, & la difpofition des maffes
qui forment l'efpece de caveau dans lequel elle fe
forme.

Ces maffes qui font au pied de la montagne font très-groffes & difpofées de maniere qu'elles ne fe touchent pas dans tous leurs points qui préfentent au contraire beaucoup de vuide; par conféquent l'air a un libre paffage entre tous ces blocs & cet air doit être très-frais, parce que la glaciere eft ombragée par des arbres très-rapprochés, très-touffus, & d'autant plus impénétrables aux rayons du foleil, que la vallée étant d'ailleurs très-referrée, ils n'y font ex-pofés que pendant quelques heures de la journée. La furface de la glaciere eft recouverte d'une pierre qui a trois à quatre pieds d'épaiffeur & vingt-fept de circonférence; c'eft environ à neuf pieds au deffous qu'on trouve la glace dans les fentes de rochers de granit. On entre dans cette efpece de caverne par une ouverture fort étroite, à l'approche de laquelle on fent une fraîcheur extrême. Il régne tout au tour de la glaciere une grande humidité, & toutes ces roches font couvertes d'une mouffe épaiffe qui eft mouillée dans tous les tems.

Il eft poffible d'expliquer auffi pourquoi il ny a plus de glace pendant l'hyver. L'abondance des eaux, la fonte des neiges occafionnent des torrents rapides qui peuvent ou l'entraîner tout à coup ou la fon-

dre infenfiblement; mais il faudroit encore des preuves plus certaines du fait que de fimples récits. Je
me borne à dire que j'ai vu de la glace le 28 Juillet,
& je fuis loin d'affurer qu'il n'y en ait jamais dans
les tems les plus froids de l'année.

J'ai encore fait deux lieues dans cette fombre
vallée où l'on goûte une fraîcheur délicieufe dans le
moment le plus chaud du jour. A fon extrêmité les
montagnes s'abaiffent & les deux chaînes s'éloignent.
Là commence cette autre vallée dont j'ai parlé. On
ne voit prefque plus de fapins. Ces petites montagnes font prefque nues ; le granit fe prolonge encore
pendant environ une lieue. Le chemin en eft couvert.

Enfin commence le Pays à fable à quelque dif- Pierre &
tance du village de *Laveline*, où les deux branches terre fa- bleufes.
de la *Vologne* fe réuniffent pour aller fe jetter dans
la *Mozelle*, prés du village de *Jarmenil*, trois lieues
au midi de *Bruyeres*.

La *Vologne* eft connue par l'efpece de moule qu'elle
nourrit en affez grande quantité ; elles renferment
des perles dont quelques-unes font d'une très-belle Perles de la *Vologne*,
eau. C'eft fur-tout après la réunion de tous les ruif-
feaux qui fe jettent dans cette riviere au deffous de

Bruyeres & jufqu'à l'endroit où elle fe perd dans la *Mozelle* au midi de cette Ville, que fe fait la pêche des perles.

L'animal qui eft dans la coquille habite ordinairement, à ce qu'on m'a dit, vers les bords de la riviere, & dans les endroits les moins rapides ; on n'en trouve point dans les eaux qui font très-vives ou voifines des montagnes, à caufe de la fonte des neiges qui les groffiffent en hyver.

J'ai vu de ces perles groffes, & à peu près rondes comme un pois. J'ai obfervé que celles qui font attachées à la coquille, comme des efpeces de verrues, font abfolument de la couleur qu'a la nacre au point de l'adhérence. Cette nacre eft quelquefois rougeâtre & pour lors la perle l'eft auffi, ce qui confirme l'opinion de M. de Réaumur, fur la maniere dont elles fe forment.

J'ai dit, en parlant de la vallée par laquelle je fuis paffé en fortant de celle de *Gérardmer*, que les montagnes s'abaiffent infiniment, & que les deux chaînes s'éloignent ; de maniere que même avant d'avoir atteint le Pays à fable qui commence à deux lieues de *Bruyeres*, la plaine eft déjà fort étendue, & offre un payfage varié & couvert de Villages. Le chemin que j'ai fuivi, régne continuellement au pied de petites montagnes de fable, ombragées par des chênes affez élevés; ces arbres aboutiffent jufques fur la chauffée; & du côté oppofé, des haies d'aubépine de cinq à fix pieds de hauteur bordent des prairies délicieufes qu'on apperçoit à travers du feuillage épais de ces arbuftes; ces prairies font coupées de mille petits canaux difpofés dans tous les fens, & de quelques ruiffeaux plus confidérables qui entretiennent dans tous les temps la fraîcheur de la verdure & celles des fleurs dont elle eft émaillée. Le Pays devient toujours plus ouvert en approchant de *Bruyeres.* Du côté du midi la vue eft la plus pittorefque & la plus variée : du côté du nord, elle eft bornée par les montagnes de fable qui font prefque adoffées aux jardins de la Ville.

J'avois examiné plufieurs de ces montagnes aux environs du village de *Laveline*, elles m'ont paru toutes de feconde formation, fans aucuns gallets, & compofées de couches affez épaiffes, dont les grains font très-fins; le fable de ces couches qui font fouvent horizontales, eft rougeâtre, & quelquefois verdâtre, de maniere qu'on le prendroit à quelque diftance pour de la terre bollaire.

Roches fableufes fans gallets.

Arrivé à *Bruyeres*, je fuis allé fur une montagne fituée au nord-eft de la Ville, je l'ai trouvé conf- truite, de même que ces premieres, de bancs affez étendus, blanchâtres ou rougeâtres & d'un fable ex- trêmement fin. Cette montagne eft très-droite; elle a la forme d'un cône; on en tire de la pierre; mais elle ne doit pas être bonne pour bâtir, parce qu'elle m'a paru friable & en général peu folide. Cette mon- tagne eft, felon toute apparence, le réfultat du fé- diment des eaux de la mer, ainfi que toutes celles que j'ai remarquées depuis *Laveline* & même depuis *Grange*, village plus éloigné encore de *Bruyeres*.

On ne s'attend pas à trouver des montagnes rem- plies de gallets, & par conféquent primitives dans un Pays où tout femble de feconde formation. Ce- pendant après avoir examiné celle dont j'ai parlé en dernier lieu, m'étant avancé du côté du nord-oueft de la Ville, j'ai reconnu des bancs très-confidérables de rochers de fable remplis de gros cailloux de toute efpece; ces rochers font fur une montagne peu éle- vée, compofée jufqu'au bas de ces mêmes pierres de fable dont les bancs font brifés, inclinés & rare- ment horizontaux. En général je crois que cette mon- tagne a fouffert quelques changements, & qu'autrefois

Marginal notes :

Pierre de fable blan- châtre & rougeâtre.

Pierre de fable très- dure, rem- plie de cailloux.

fois elle étoit beaucoup plus haute. Une révolution du globe aura pu l'abaisser. Toutes' celles de cette petite vallée qui s'étend du midi au nord pendant l'espace d'une lieue, s'abaissent de même insensiblement jusqu'à la plaine de *Lorraine* où elles finissent.

LÀ s'est terminé mon voyage ; & c'est de ce point que je me propose de reprendre mes Observations & mon Journal, si l'essai que j'en présente à l'Académie obtient d'elle un accueil favorable ; je serois loin d'y prétendre, si cet ouvrage ne devoit être apprécié que du côté du style. Une narration didactique, un simple journal ne prêtent ni à la diversité des tournures , ni aux graces du langage. Ici l'imagination doit se taire ; il seroit trop à craindre qu'en embellissant le tableau, elle ne nuisît à la ressemblance. Je conviens que cette extrême fimplicité eft bien voifine de la féchereffe; mais j'ai eu le projet d'être utile, & l'utilité des recherches minéralogiques en général, eft faite pour être appréciée par cette favante Compagnie.

Un amateur de l'hiftoire naturelle regarde comme un objet intéreffant la collection fuivie des principales matieres qui fe rencontrent dans une même contrée. S'il étoit Lorrain, fon intérêt doubleroit, & fa curiofité feroit encore plus fatisfaite, à la vue d'une fuite de ce genre recueillie dans la partie de cette Province la plus riche en minéraux. Il verroit avec plaifir qu'en *Lorraine* comme en *Égypte*, il exifte des granits, des jafpes, des porphyres; & il efpéreroit que de plus amples recherches feront découvrir dans la terre qu'il habite, de nouvelles richeffes capables de le difputer à celles des autres climats, & fur lefquelles nous marchons peut-être fans le favoir.

Mais un sentiment plus noble que la simple
curiosité, un principe plus agissant que la
seule vanité nationale doivent animer nos
efforts & diriger nos recherches, c'est le pa-
triotisme, c'est le bien général. Du concours
de la minéralogie & de la chymie, de nou-
veaux moyens doivent naître & des avantages innombrables se multiplier au profit de
tous les arts, & sur-tout des arts les plus
anciens, comme les plus utiles, l'agriculture
& la metallurgie, deux principales branches
d'industrie & de ressources dans cette Province. Les sciences & les arts ne compo-
sent qu'une famille; mais entre ceux-ci les
liens sont encore plus étroits & les rap-
ports plus intimes; ici & les sœurs & les
freres doivent être inséparables : leur force
& leur fortune dépendent de leur union.

A ces avantages pratiques, à cette utilité
locale qui fixent les vœux & l'espérance du
Citoyen qui aime son Pays, se joignent

encore aux yeux du Philofophe, ces grandes fpéculations qui ne fe bornent pas à une portion de la terre. L'univerfalité de fes vues embraffe la nature entiere ; il veut connoître toutes fes opérations & pénétrer tous fes fecrets. Par les obfervations & les recherches minéralogiques, l'œil attentif de la Phyfique, perçant jufques dans les entrailles de la terre, cherche à y découvrir le plan de l'organifation intérieure du globe, comme il contemple & calcule, en s'élevant vers le ciel, la marche & la diftance des autres Planetes.

C'eft principalement dans les chaînes continues des grandes montagnes, qu'on peut obferver les matieres primitives ou fecondaires du globe, fes parties d'ancienne ou de nouvelle formation ; que l'on peut examiner, fi le noyau qui conftitue par-tout la bafe de ces grandes maffes, ne feroit pas cette roche folide & prolongée dans des directions inégales, qu'on croit former elle-même la bafe de la terre.

Nous fommes appellés plus particuliérement à ces fublimes découvertes. Nos montagnes des *Vôges* font affimilées aux monts *Pyrénées* & aux *Alpes* dont elles ne font que la continuation. Tandis que de favants minéralogiftes vont étudier la nature aux frontieres méridionales de la France, prévenons leurs excurfions & leurs conquêtes fur un domaine qui nous appartient ; & emparons-nous de la gloire qu'ils viendroient nous dérober.

TABLE.

DESCRIPTION MINÉRALOGIQUE
DU PAYS.